安全生产监管监察培训教材

安全生产监察员复训教材

（新法规·新标准·新技术·新案例）

刘言刚　主编

气象出版社
China Meteorological Press

图书在版编目(CIP)数据

安全生产监察员复训教材/刘言刚主编. —北京:气象出版社,2010.3

ISBN 978-7-5029-4948-8

Ⅰ.①安… Ⅱ.①刘… Ⅲ.①安全生产-监督管理-教材 Ⅳ.①X931

中国版本图书馆CIP数据核字(2010)第041025号

Anquan Shengchan Jianchayuan Fuxun Jiaocai

安全生产监察员复训教材

刘言刚　主编

出版发行:气象出版社

地　　址:	北京市海淀区中关村南大街46号	**邮政编码**:	100081
总 编 室:	010-68407112	**发 行 部**:	010-68408042
网　　址:	http://www.cmp.cma.gov.cn	**E-mail**:	qxcbs@cma.gov.cn
责任编辑:	彭淑凡	**终　　审**:	章澄昌
封面设计:	燕　彤	**责任技编**:	吴庭芳
印　　刷:	北京奥鑫印刷厂		
开　　本:	850 mm×1168 mm　1/32	**印　　张**:	5.5
字　　数:	133千字		
版　　次:	2010年4月第1版	**印　　次**:	2012年12月第3次印刷
定　　价:	15.00元		

前 言

INTRODUCTION

安全生产监察队伍建设直接关系到我国安全生产监管水平，更关系到人民的生命安全和社会安康。为了进一步贯彻《安全生产法》和相关法规，落实国家安监局《关于做好安全生产监察员培训考核和证书管理工作的通知》的精神，提高全国安全生产监察员队伍素质和行政执法能力，切实加强安全生产监察员队伍建设，做到依法行政、持证上岗，特此组织编写了《安全生产监察员培训/复训教材》。本教材介绍了安全生产监察员复训必须掌握的专业知识，包括最新法律法规、最新安全管理理论、最新安全技术、重大事故案例等内容。

复训教材做到了跟初次培训教材的结合和承接，从监管理论上进行了衔接，从安全技术上进行了衔接，大量采用国家安全生产监督管理总局的最新理念，做到理论与现实的适应，做到能够指导安全监察的实际工作。

本教材共分四章，内容简介如下。

第一章：从最新法律法规入手，主要列举了突发事件应对法、生产安全事故报告和调查处理条例、安全生产行政复议、安全生产违法行为行政处罚办法、非煤矿山安全生产许可证实施办法等七部法律，帮助安全生产监督管理人员掌握具体指导日常工作的法律法规。

第二章：讲述了安全生产三项建设、安监总局倡导的安全理念等内容，旨在让安全生产监察员了解现有政策，保持国家总体安全生产监督管理思路的一致性。

第三章：讲述了重大危险源辨识、安全标准化、作业场所职业健康等安全技术规定，以便安全生产监察员掌握我国目前安全技术工作的重点内容。

第四章：讲述了几个重大案例，以便安全生产监察员通过案例，提升安全意识，加强安全素质建设，了解事故发生的原因和事故分析方法，做到警钟长鸣。

本教材由刘言刚、李月青、和贵山、张彦敏等人组织编写。在编写的过程中，广泛参考了有关专家学者的研究成果，在此特向他们表示诚挚的谢意。不当之处，请有关专家和读者批评指正。

编者

2010 年 3 月

目录

CONTENTS

第一章

法律法规

第一节　突发事件应对法

《中华人民共和国突发事件应对法》已由中华人民共和国第十届全国人民代表大会常务委员会第二十九次会议于2007年8月30日通过，自2007年11月1日起施行。

第一章　总　则

第一条　为了预防和减少突发事件的发生，控制、减轻和消除突发事件引起的严重社会危害，规范突发事件应对活动，保护人民生命财产安全，维护国家安全、公共安全、环境安全和社会秩序，制定本法。

第二条　突发事件的预防与应急准备、监测与预警、应急处置与救援、事后恢复与重建等应对活动，适用本法。

第三条　本法所称突发事件，是指突然发生，造成或者可能造成严重社会危害，需要采取应急处置措施予以应对的自然灾害、事故灾难、公共卫生事件和社会安全事件。

按照社会危害程度、影响范围等因素，自然灾害、事故灾难、公共卫生事件分为特别重大、重大、较大和一般四级。法律、行政法规或者国务院另有规定的，从其规定。

突发事件的分级标准由国务院或者国务院确定的部门制定。

第四条 国家建立统一领导、综合协调、分类管理、分级负责、属地管理为主的应急管理体制。

第五条 突发事件应对工作实行预防为主、预防与应急相结合的原则。国家建立重大突发事件风险评估体系，对可能发生的突发事件进行综合性评估，减少重大突发事件的发生，最大限度地减轻重大突发事件的影响。

第六条 国家建立有效的社会动员机制，增强全民的公共安全和防范风险的意识，提高全社会的避险救助能力。

第七条 县级人民政府对本行政区域内突发事件的应对工作负责；涉及两个以上行政区域的，由有关行政区域共同的上一级人民政府负责，或者由各有关行政区域的上一级人民政府共同负责。

突发事件发生后，发生地县级人民政府应当立即采取措施控制事态发展，组织开展应急救援和处置工作，并立即向上一级人民政府报告，必要时可以越级上报。

突发事件发生地县级人民政府不能消除或者不能有效控制突发事件引起的严重社会危害的，应当及时向上级人民政府报告。上级人民政府应当及时采取措施，统一领导应急处置工作。

法律、行政法规规定由国务院有关部门对突发事件的应对工作负责的，从其规定；地方人民政府应当积极配合并提供必要的支持。

第八条 国务院在总理领导下研究、决定和部署特别重大突发事件的应对工作；根据实际需要，设立国家突发事件应急指挥机构，负责突发事件应对工作；必要时，国务院可以派出工作组指导有关工作。

县级以上地方各级人民政府设立由本级人民政府主要负责人、相关部门负责人、驻当地中国人民解放军和中国人民武装警察部队有关负责人组成的突发事件应急指挥机构，统一领导、协调本级人民政府各有关部门和下级人民政府开展突发事件应对工作；根据实际需要，设立相关类别突发事件应急指挥机构，组织、协调、指挥突发事件应对工作。

上级人民政府主管部门应当在各自职责范围内，指导、协助下级人民政府及其相应部门做好有关突发事件的应对工作。

第九条 国务院和县级以上地方各级人民政府是突发事件应对工作的行政领导机关，其办事机构及具体职责由国务院规定。

第十条 有关人民政府及其部门作出的应对突发事件的决定、命令，应当及时公布。

第十一条 有关人民政府及其部门采取的应对突发事件的措施，应当与突发事件可能造成的社会危害的性质、程度和范围相适应；有多种措施可供选择的，应当选择有利于最大程度地保护公民、法人和其他组织权益的措施。

公民、法人和其他组织有义务参与突发事件应对工作。

第十二条 有关人民政府及其部门为应对突发事件，可以征用单位和个人的财产。被征用的财产在使用完毕或者突发事件应急处置工作结束后，应当及时返还。财产被征用或者征用后毁损、灭失的，应当给予补偿。

第十三条 因采取突发事件应对措施，诉讼、行政复议、仲裁活动不能正常进行的，适用有关时效中止和程序中止的规定，但法律另有规定的除外。

第十四条 中国人民解放军、中国人民武装警察部队和民兵组织依照本法和其他有关法律、行政法规、军事法规的规定以及国务院、中央军事委员会的命令，参加突发事件的应急救援和处置工作。

第十五条 中华人民共和国政府在突发事件的预防、监测与预警、应急处置与救援、事后恢复与重建等方面，同外国政府和有关国际组织开展合作与交流。

第十六条 县级以上人民政府作出应对突发事件的决定、命令，应当报本级人民代表大会常务委员会备案；突发事件应急处置工作结束后，应当向本级人民代表大会常务委员会作出专项工作报告。

第二章　预防与应急准备

第十七条 国家建立健全突发事件应急预案体系。

国务院制定国家突发事件总体应急预案，组织制定国家突发事件专项应急预案；国务院有关部门根据各自的职责和国务院相关应急预案，制定国家突发事件部门应急预案。

地方各级人民政府和县级以上地方各级人民政府有关部门根据有关法律、法规、规章、上级人民政府及其有关部门的应急预案以及本地区的实际情况，制定相应的突发事件应急预案。

应急预案制定机关应当根据实际需要和情势变化，适时修订应急预案。应急预案的制定、修订程序由国务院规定。

第十八条 应急预案应当根据本法和其他有关法律、法规的规定，针对突发事件的性质、特点和可能造成的社会危害，具体规定突发事件应急管理工作的组织指挥体系与职责和突发事件的预防与预警机制、处置程序、应急保障措施以及事后恢复与重建措施等内容。

第十九条 城乡规划应当符合预防、处置突发事件的需要，统筹安排应对突发事件所必需的设备和基础设施建设，合理确定应急避难场所。

第二十条 县级人民政府应当对本行政区域内容易引发自然灾害、事故灾难和公共卫生事件的危险源、危险区域进行调查、登记、风险评估，定期进行检查、监控，并责令有关单位采取安全防范措施。

省级和设区的市级人民政府应当对本行政区域内容易引发特别重大、重大突发事件的危险源、危险区域进行调查、登记、风险评估，组织进行检查、监控，并责令有关单位采取安全防范措施。

县级以上地方各级人民政府按照本法规定登记的危险源、危险区域，应当按照国家规定及时向社会公布。

第二十一条 县级人民政府及其有关部门、乡级人民政府、街道办事处、居民委员会、村民委员会应当及时调解处理可能引发社会安全事件的矛盾纠纷。

第二十二条 所有单位应当建立健全安全管理制度，定期检查本单位各项安全防范措施的落实情况，及时消除事故隐患；掌握并及时处理本单位存在的可能引发社会安全事件的问题，防止矛盾激化和事态扩大；对本单位可能发生的突发事件和采取安全防范措施的情况，应当按照规定及时向所在地人民政府或者人民政府有关部门报告。

第二十三条 矿山、建筑施工单位和易燃易爆物品、危险化学品、放射性物品等危险物品的生产、经营、储运、使用单位，应当制定具体应急预案，并对生产经营场所、有危险物品的建筑物、构筑物及周边环境开展隐患排查，及时采取措施消除隐患，防止发生突发事件。

第二十四条 公共交通工具、公共场所和其他人员密集场所的经营单位或者管理单位应当制定具体应急预案，为交通工具和有关场所配备报警装置和必要的应急救援设备、设施，注明其使用方法，并显著标明安全撤离的通道、路线，保证安全通道、出口的畅通。

有关单位应当定期检测、维护其报警装置和应急救援设备、设施，使其处于良好状态，确保正常使用。

第二十五条 县级以上人民政府应当建立健全突发事件应急管理培训制度，对人民政府及其有关部门负有处置突发事件职责的工作人员定期进行培训。

第二十六条 县级以上人民政府应当整合应急资源，建立或者确定综合性应急救援队伍。人民政府有关部门可以根据实际需要设立专业应急救援队伍。

县级以上人民政府及其有关部门可以建立由成年志愿者组成的应急救援队伍。单位应当建立由本单位职工组成的专职或者兼职应急救援队伍。

县级以上人民政府应当加强专业应急救援队伍与非专业应急救援队伍的合作，联合培训、联合演练，提高合成应急、协同应急的能力。

第二十七条 国务院有关部门、县级以上地方各级人民政府及其有关部门、有关单位应当为专业应急救援人员购买人身意外伤害保险，配备必要的防护装备和器材，减少应急救援人员的人身风险。

第二十八条 中国人民解放军、中国人民武装警察部队和民兵组织应当有计划地组织开展应急救援的专门训练。

第二十九条 县级人民政府及其有关部门、乡级人民政府、街道办事处应当组织开展应急知识的宣传普及活动和必要的应急演练。

居民委员会、村民委员会、企业事业单位应当根据所在地人民政府的要求，结合各自的实际情况，开展有关突发事件应急知识的宣传普及活动和必要的应急演练。

新闻媒体应当无偿开展突发事件预防与应急、自救与互救知识的公益宣传。

第三十条 各级各类学校应当把应急知识教育纳入教学内容，对学生进行应急知识教育，培养学生的安全意识和自救与互救能力。

教育主管部门应当对学校开展应急知识教育进行指导和监督。

第三十一条 国务院和县级以上地方各级人民政府应当采取财政措施，保障突发事件应对工作所需经费。

第三十二条 国家建立健全应急物资储备保障制度，完善重要应急物资的监管、生产、储备、调拨和紧急配送体系。

设区的市级以上人民政府和突发事件易发、多发地区的县级人民政府应当建立应急救援物资、生活必需品和应急处置装备的储备制度。

县级以上地方各级人民政府应当根据本地区的实际情况，与有关企业签订协议，保障应急救援物资、生活必需品和应急处置装备的生产、供给。

第三十三条 国家建立健全应急通信保障体系，完善公用通信网，建立有线与无线相结合、基础电信网络与机动通信系统相配套的应急通信系统，确保突发事件应对工作的通信畅通。

第三十四条 国家鼓励公民、法人和其他组织为人民政府应对突发事件工作提供物资、资金、技术支持和捐赠。

第三十五条 国家发展保险事业，建立国家财政支持的巨灾风险保险体系，并鼓励单位和公民参加保险。

第三十六条 国家鼓励、扶持具备相应条件的教学科研机构培养应急管理专门人才，鼓励、扶持教学科研机构和有关企业研究开发用于突发事件预防、监测、预警、应急处置与救援的新技术、新设备和新工具。

第三章　监测与预警

第三十七条 国务院建立全国统一的突发事件信息系统。

县级以上地方各级人民政府应当建立或者确定本地区统一的突发事件信息系统，汇集、储存、分析、传输有关突发事件的信息，并与上级人民政府及其有关部门、下级人民政府及其有关部门、专业机构和监测网点的突发事件信息系统实现互联互通，加强跨部门、跨地区的信息交流与情报合作。

第三十八条 县级以上人民政府及其有关部门、专业机构应当通过多种途径收集突发事件信息。

县级人民政府应当在居民委员会、村民委员会和有关单位建立专职或者兼职信息报告员制度。

获悉突发事件信息的公民、法人或者其他组织，应当立即向所在地人民政府、有关主管部门或者指定的专业机构报告。

第三十九条 地方各级人民政府应当按照国家有关规定向上级人民政府报送突发事件信息。县级以上人民政府有关主管部门应当向本级人民政府相关部门通报突发事件信息。专业机构、监测网点和信息报告员应当及时向所在地人民政府及其有关主管部门报告突发事件信息。

有关单位和人员报送、报告突发事件信息，应当做到及时、客观、真实，不得迟报、谎报、瞒报、漏报。

第四十条 县级以上地方各级人民政府应当及时汇总分析突发事件隐患和预警信息，必要时组织相关部门、专业技术人员、专家学者进行会商，对发生突发事件的可能性及其可能造成的影响进行评估；认为可能发生重大或者特别重大突发事件的，应当立即向上级人民政府报告，并向上级人民政府有关部门、当地驻军和可能受到危害的毗邻或者相关地区的人民政府通报。

第四十一条 国家建立健全突发事件监测制度。

县级以上人民政府及其有关部门应当根据自然灾害、事故灾难和公共卫生事件的种类和特点，建立健全基础信息数据库，完善监测网络，划分监测区域，确定监测点，明确监测项目，提供必要的设备、设施，配备专职或者兼职人员，对可能发生的突发事件进行监测。

第四十二条 国家建立健全突发事件预警制度。

可以预警的自然灾害、事故灾难和公共卫生事件的预警级别，按照突发事件发生的紧急程度、发展势态和可能造成的危害程度分为一级、二级、三级和四级，分别用红色、橙色、黄色和蓝色标示，一级为最高级别。

预警级别的划分标准由国务院或者国务院确定的部门制定。

第四十三条 可以预警的自然灾害、事故灾难或者公共卫生事件即将发生或者发生的可能性增大时，县级以上地方各级人民政府应当根据有关法律、行政法规和国务院规定的权限和程序，发布相应级别的警报，决定并宣布有关地区进入预警期，同时向上一级人民政府报告，必要时可以越级上报，并向当地驻军和可能受到危害的毗邻或者相关地区的人民政府通报。

第四十四条 发布三级、四级警报，宣布进入预警期后，县级以上地方各级人民政府应当根据即将发生的突发事件的特点和可能造成的危害，采取下列措施：

（一）启动应急预案；

（二）责令有关部门、专业机构、监测网点和负有特定职责的人员及时收集、报告有关信息，向社会公布反映突发事件信息的渠道，加强对突发事件发生、发展情况的监测、预报和预警工作；

（三）组织有关部门和机构、专业技术人员、有关专家学者，随时对突发事件信息进行分析评估，预测发生突发事件可能性的大小、影响范围和强度以及可能发生的突发事件的级别；

（四）定时向社会发布与公众有关的突发事件预测信息和分析评估结果，并对相关信息的报道工作进行管理；

（五）及时按照有关规定向社会发布可能受到突发事件危害的警告，宣传避免、减轻危害的常识，公布咨询电话。

第四十五条 发布一级、二级警报，宣布进入预警期后，县级以上地方各级人民政府除采取本法**第四十四条**规定的措施外，还应当针对即将发生的突发事件的特点和可能造成的危害，采取下列一项或者多项措施：

（一）责令应急救援队伍、负有特定职责的人员进入待命状态，并动员后备人员做好参加应急救援和处置工作的准备；

（二）调集应急救援所需物资、设备、工具，准备应急设施和避难场所，并确保其处于良好状态、随时可以投入正常使用；

（三）加强对重点单位、重要部位和重要基础设施的安全保卫，维护社会治安秩序；

（四）采取必要措施，确保交通、通信、供水、排水、供电、供气、供热等公共设施的安全和正常运行；

（五）及时向社会发布有关采取特定措施避免或者减轻危害的建议、劝告；

（六）转移、疏散或者撤离易受突发事件危害的人员并予以妥善安置，转移重要财产；

（七）关闭或者限制使用易受突发事件危害的场所，控制或者限制容易导致危害扩大的公共场所的活动；

（八）法律、法规、规章规定的其他必要的防范性、保护性措施。

第四十六条　对即将发生或者已经发生的社会安全事件，县级以上地方各级人民政府及其有关主管部门应当按照规定向上一级人民政府及其有关主管部门报告，必要时可以越级上报。

第四十七条　发布突发事件警报的人民政府应当根据事态的发展，按照有关规定适时调整预警级别并重新发布。

有事实证明不可能发生突发事件或者危险已经解除的，发布警报的人民政府应当立即宣布解除警报，终止预警期，并解除已经采取的有关措施。

第四章　应急处置与救援

第四十八条　突发事件发生后，履行统一领导职责或者组织处置突发事件的人民政府应当针对其性质、特点和危害程度，立即组织有关部门，调动应急救援队伍和社会力量，依照本章的规定和有关法律、法规、规章的规定采取应急处置措施。

第四十九条 自然灾害、事故灾难或者公共卫生事件发生后，履行统一领导职责的人民政府可以采取下列一项或者多项应急处置措施：

（一）组织营救和救治受害人员，疏散、撤离并妥善安置受到威胁的人员以及采取其他救助措施；

（二）迅速控制危险源，标明危险区域，封锁危险场所，划定警戒区，实行交通管制以及其他控制措施；

（三）立即抢修被损坏的交通、通信、供水、排水、供电、供气、供热等公共设施，向受到危害的人员提供避难场所和生活必需品，实施医疗救护和卫生防疫以及其他保障措施；

（四）禁止或者限制使用有关设备、设施，关闭或者限制使用有关场所，中止人员密集的活动或者可能导致危害扩大的生产经营活动以及采取其他保护措施；

（五）启用本级人民政府设置的财政预备费和储备的应急救援物资，必要时调用其他急需物资、设备、设施、工具；

（六）组织公民参加应急救援和处置工作，要求具有特定专长的人员提供服务；

（七）保障食品、饮用水、燃料等基本生活必需品的供应；

（八）依法从严惩处囤积居奇、哄抬物价、制假售假等扰乱市场秩序的行为，稳定市场价格，维护市场秩序；

（九）依法从严惩处哄抢财物、干扰破坏应急处置工作等扰乱社会秩序的行为，维护社会治安；

（十）采取防止发生次生、衍生事件的必要措施。

第五十条 社会安全事件发生后，组织处置工作的人民政府应当立即组织有关部门并由公安机关针对事件的性质和特点，依照有关法律、行政法规和国家其他有关规定，采取下列一项或者多项应急处置措施：

（一）强制隔离使用器械相互对抗或者以暴力行为参与冲突的当事人，妥善解决现场纠纷和争端，控制事态发展；

（二）对特定区域内的建筑物、交通工具、设备、设施以及燃料、燃气、电力、水的供应进行控制；

（三）封锁有关场所、道路，查验现场人员的身份证件，限制有关公共场所内的活动；

（四）加强对易受冲击的核心机关和单位的警卫，在国家机关、军事机关、国家通讯社、广播电台、电视台、外国驻华使领馆等单位附近设置临时警戒线；

（五）法律、行政法规和国务院规定的其他必要措施。

严重危害社会治安秩序的事件发生时，公安机关应当立即依法出动警力，根据现场情况依法采取相应的强制性措施，尽快使社会秩序恢复正常。

第五十一条 发生突发事件，严重影响国民经济正常运行时，国务院或者国务院授权的有关主管部门可以采取保障、控制等必要的应急措施，保障人民群众的基本生活需要，最大限度地减轻突发事件的影响。

第五十二条 履行统一领导职责或者组织处置突发事件的人民政府，必要时可以向单位和个人征用应急救援所需设备、设施、场地、交通工具和其他物资，请求其他地方人民政府提供人力、物力、财力或者技术支援，要求生产、供应生活必需品和应急救援物资的企业组织生产、保证供给，要求提供医疗、交通等公共服务的组织提供相应的服务。

履行统一领导职责或者组织处置突发事件的人民政府，应当组织协调运输经营单位，优先运送处置突发事件所需物资、设备、工具、应急救援人员和受到突发事件危害的人员。

第五十三条 履行统一领导职责或者组织处置突发事件的人民政府，应当按照有关规定统一、准确、及时发布有关突发事件事态发展和应急处置工作的信息。

第五十四条 任何单位和个人不得编造、传播有关突发事件事态发展或者应急处置工作的虚假信息。

第五十五条 突发事件发生地的居民委员会、村民委员会和其他组织应当按照当地人民政府的决定、命令，进行宣传动员，组织群众开展自救和互救，协助维护社会秩序。

第五十六条 受到自然灾害危害或者发生事故灾难、公共卫生事件的单位，应当立即组织本单位应急救援队伍和工作人员营救受害人员，疏散、撤离、安置受到威胁的人员，控制危险源，标明危险区域，封锁危险场所，并采取其他防止危害扩大的必要措施，同时向所在地县级人民政府报告；对因本单位的问题引发的或者主体是本单位人员的社会安全事件，有关单位应当按照规定上报情况，并迅速派出负责人赶赴现场开展劝解、疏导工作。

突发事件发生地的其他单位应当服从人民政府发布的决定、命令，配合人民政府采取的应急处置措施，做好本单位的应急救援工作，并积极组织人员参加所在地的应急救援和处置工作。

第五十七条 突发事件发生地的公民应当服从人民政府、居民委员会、村民委员会或者所属单位的指挥和安排，配合人民政府采取的应急处置措施，积极参加应急救援工作，协助维护社会秩序。

第五章　事后恢复与重建

第五十八条　突发事件的威胁和危害得到控制或者消除后，履行统一领导职责或者组织处置突发事件的人民政府应当停止执行依照本法规定采取的应急处置措施，同时采取或者继续实施必要措施，防止发生自然灾害、事故灾难、公共卫生事件的次生、衍生事件或者重新引发社会安全事件。

第五十九条　突发事件应急处置工作结束后，履行统一领导职责的人民政府应当立即组织对突发事件造成的损失进行评估，组织受影响地区尽快恢复生产、生活、工作和社会秩序，制定恢复重建计划，并向上一级人民政府报告。

受突发事件影响地区的人民政府应当及时组织和协调公安、交通、铁路、民航、邮电、建设等有关部门恢复社会治安秩序，尽快修复被损坏的交通、通信、供水、排水、供电、供气、供热等公共设施。

第六十条　受突发事件影响地区的人民政府开展恢复重建工作需要上一级人民政府支持的，可以向上一级人民政府提出请求。上一级人民政府应当根据受影响地区遭受的损失和实际情况，提供资金、物资支持和技术指导，组织其他地区提供资金、物资和人力支援。

第六十一条　国务院根据受突发事件影响地区遭受损失的情况，制定扶持该地区有关行业发展的优惠政策。

受突发事件影响地区的人民政府应当根据本地区遭受损失的情况，制定救助、补偿、抚慰、抚恤、安置等善后工作计划并组织实施，妥善解决因处置突发事件引发的矛盾和纠纷。

公民参加应急救援工作或者协助维护社会秩序期间，其在本单位的工资待遇和福利不变；表现突出、成绩显著的，由县级以上人民政府给予表彰或者奖励。

县级以上人民政府对在应急救援工作中伤亡的人员依法给予抚恤。

第六十二条 履行统一领导职责的人民政府应当及时查明突发事件的发生经过和原因，总结突发事件应急处置工作的经验教训，制定改进措施，并向上一级人民政府提出报告。

第六章 法律责任

第六十三条 地方各级人民政府和县级以上各级人民政府有关部门违反本法规定，不履行法定职责的，由其上级行政机关或者监察机关责令改正；有下列情形之一的，根据情节对直接负责的主管人员和其他直接责任人员依法给予处分：

（一）未按规定采取预防措施，导致发生突发事件，或者未采取必要的防范措施，导致发生次生、衍生事件的；

（二）迟报、谎报、瞒报、漏报有关突发事件的信息，或者通报、报送、公布虚假信息，造成后果的；

（三）未按规定及时发布突发事件警报、采取预警期的措施，导致损害发生的；

（四）未按规定及时采取措施处置突发事件或者处置不当，造成后果的；

（五）不服从上级人民政府对突发事件应急处置工作的统一领导、指挥和协调的；

（六）未及时组织开展生产自救、恢复重建等善后工作的；

（七）截留、挪用、私分或者变相私分应急救援资金、物资的；

（八）不及时归还征用的单位和个人的财产，或者对被征用财产的单位和个人不按规定给予补偿的。

第六十四条 有关单位有下列情形之一的，由所在地履行统一领导职责的人民政府责令停产停业，暂扣或者吊销许可证或者营业执照，并处五万元以上二十万元以下的罚款；构成违反治安管理行为的，由公安机关依法给予处罚：

（一）未按规定采取预防措施，导致发生严重突发事件的；

（二）未及时消除已发现的可能引发突发事件的隐患，导致发生严重突发事件的；

（三）未做好应急设备、设施日常维护、检测工作，导致发生严重突发事件或者突发事件危害扩大的；

（四）突发事件发生后，不及时组织开展应急救援工作，造成严重后果的。

前款规定的行为，其他法律、行政法规规定由人民政府有关部门依法决定处罚的，从其规定。

第六十五条 违反本法规定，编造并传播有关突发事件事态发展或者应急处置工作的虚假信息，或者明知是有关突发事件事态发展或者应急处置工作的虚假信息而进行传播的，责令改正，给予警告；造成严重后果的，依法暂停其业务活动或者吊销其执业许可证；负有直接责任的人员是国家工作人员的，还应当对其依法给予处分；构成违反治安管理行为的，由公安机关依法给予处罚。

第六十六条 单位或者个人违反本法规定，不服从所在地人民政府及其有关部门发布的决定、命令或者不配合其依法采取的措施，构成违反治安管理行为的，由公安机关依法给予处罚。

第六十七条 单位或者个人违反本法规定，导致突发事件发生或者危害扩大，给他人人身、财产造成损害的，应当依法承担民事责任。

第六十八条 违反本法规定，构成犯罪的，依法追究刑事责任。

第七章 附 则

第六十九条 发生特别重大突发事件，对人民生命财产安全、国家安全、公共安全、环境安全或者社会秩序构成重大威胁，采取本法和其他有关法律、法规、规章规定的应急处置措施不能消除或者有效控制、减轻其严重社会危害，需要进入紧急状态的，由全国人民代表大会常务委员会或者国务院依照宪法和其他有关法律规定的权限和程序决定。

紧急状态期间采取的非常措施，依照有关法律规定执行或者由全国人民代表大会常务委员会另行规定。

第七十条 本法自2007年11月1日起施行。

第二节 生产安全事故报告和调查处理条例

《生产安全事故报告和调查处理条例》已经2007年3月28日国务院第172次常务会议通过，自2007年6月1日起施行。

第一章 总 则

第一条 为了规范生产安全事故的报告和调查处理，落实生产安全事故责任追究制度，防止和减少生产安全事故，根据《中华人民共和国安全生产法》和有关法律，制定本条例。

第二条 生产经营活动中发生的造成人身伤亡或者直接经济损失的生产安全事故的报告和调查处理，适用本条例；环境污染事故、核设施事故、国防科研生产事故的报告和调查处理不适用本条例。

第三条 根据生产安全事故（以下简称事故）造成的人员伤亡或者直接经济损失，事故一般分为以下等级：

（一）特别重大事故，是指造成30人以上死亡，或者100人以上重伤（包括急性工业中毒，下同），或者1亿元以上直接经济损失的事故；

（二）重大事故，是指造成10人以上30人以下死亡，或者50人以上100人以下重伤，或者5000万元以上1亿元以下直接经济损失的事故；

（三）较大事故，是指造成3人以上10人以下死亡，或者10人以上50人以下重伤，或者1000万元以上5000万元以下直接经济损失的事故；

（四）一般事故，是指造成3人以下死亡，或者10人以下重伤，或者1000万元以下直接经济损失的事故。

国务院安全生产监督管理部门可以会同国务院有关部门，制定事故等级划分的补充性规定。

本条第一款所称的“以上”包括本数，所称的“以下”不包括本数。

第四条 事故报告应当及时、准确、完整，任何单位和个人对事故不得迟报、漏报、谎报或者瞒报。

事故调查处理应当坚持实事求是、尊重科学的原则，及时、准确地查清事故经过、事故原因和事故损失，查明事故性质，认定事故责任，总结事故教训，提出整改措施，并对事故责任者依法追究责任。

第五条 县级以上人民政府应当依照本条例的规定，严格履行职责，及时、准确地完成事故调查处理工作。

事故发生地有关地方人民政府应当支持、配合上级人民政府或者有关部门的事故调查处理工作，并提供必要的便利条件。

参加事故调查处理的部门和单位应当互相配合，提高事故调查处理工作的效率。

第六条 工会依法参加事故调查处理，有权向有关部门提出处理意见。

第七条 任何单位和个人不得阻挠和干涉对事故的报告和依法调查处理。

第八条 对事故报告和调查处理中的违法行为，任何单位和个人有权向安全生产监督管理部门、监察机关或者其他有关部门举报，接到举报的部门应当依法及时处理。

第二章 事故报告

第九条 事故发生后，事故现场有关人员应当立即向本单位负责人报告；单位负责人接到报告后，应当于1小时内向事故发生地县级以上人民政府安全生产监督管理部门和负有安全生产监督管理职责的有关部门报告。

情况紧急时，事故现场有关人员可以直接向事故发生地县级以上人民政府安全生产监督管理部门和负有安全生产监督管理职责的有关部门报告。

第十条 安全生产监督管理部门和负有安全生产监督管理职责的有关部门接到事故报告后，应当依照下列规定上报事故情况，并通知公安机关、劳动保障行政部门、工会和人民检察院：

（一）特别重大事故、重大事故逐级上报至国务院安全生产监督管理部门和负有安全生产监督管理职责的有关部门；

（二）较大事故逐级上报至省、自治区、直辖市人民政府安全生产监督管理部门和负有安全生产监督管理职责的有关部门；

（三）一般事故上报至设区的市级人民政府安全生产监督管理部门和负有安全生产监督管理职责的有关部门。

安全生产监督管理部门和负有安全生产监督管理职责的有关部门依照前款规定上报事故情况，应当同时报告本级人民政府。国务院安全生产监督管理部门和负有安全生产监督管理职责的有关部门以及省级人民政府接到发生特别重大事故、重大事故的报告后，应当立即报告国务院。

必要时，安全生产监督管理部门和负有安全生产监督管理职责的有关部门可以越级上报事故情况。

第十一条 安全生产监督管理部门和负有安全生产监督管理职责的有关部门逐级上报事故情况，每级上报的时间不得超过 2 小时。

第十二条 报告事故应当包括下列内容：

（一）事故发生单位概况；

（二）事故发生的时间、地点以及事故现场情况；

（三）事故的简要经过；

（四）事故已经造成或者可能造成的伤亡人数（包括下落不明的人数）和初步估计的直接经济损失；

（五）已经采取的措施；

（六）其他应当报告的情况。

第十三条 事故报告后出现新情况的，应当及时补报。

自事故发生之日起30日内，事故造成的伤亡人数发生变化的，应当及时补报。道路交通事故、火灾事故自发生之日起7日内，事故造成的伤亡人数发生变化的，应当及时补报。

第十四条 事故发生单位负责人接到事故报告后，应当立即启动事故相应应急预案，或者采取有效措施，组织抢救，防止事故扩大，减少人员伤亡和财产损失。

第十五条 事故发生地有关地方人民政府、安全生产监督管理部门和负有安全生产监督管理职责的有关部门接到事故报告后，其负责人应当立即赶赴事故现场，组织事故救援。

第十六条 事故发生后，有关单位和人员应当妥善保护事故现场以及相关证据，任何单位和个人不得破坏事故现场、毁灭相关证据。

因抢救人员、防止事故扩大以及疏通交通等原因，需要移动事故现场物件的，应当做出标志，绘制现场简图并做出书面记录，妥善保存现场重要痕迹、物证。

第十七条 事故发生地公安机关根据事故的情况，对涉嫌犯罪的，应当依法立案侦查，采取强制措施和侦查措施。犯罪嫌疑人逃匿的，公安机关应当迅速追捕归案。

第十八条 安全生产监督管理部门和负有安全生产监督管理职责的有关部门应当建立值班制度，并向社会公布值班电话，受理事故报告和举报。

第三章　事故调查

第十九条 特别重大事故由国务院或者国务院授权有关部门组织事故调查组进行调查。

重大事故、较大事故、一般事故分别由事故发生地省级人民政府、设区的市级人民政府、县级人民政府负责调查。省级人民政府、设区的市级人民政府、县级人民政府可以直接组织事故调查组进行调查，也可以授权或者委托有关部门组织事故调查组进行调查。

未造成人员伤亡的一般事故，县级人民政府也可以委托事故发生单位组织事故调查组进行调查。

第二十条 上级人民政府认为必要时，可以调查由下级人民政府负责调查的事故。

自事故发生之日起 30 日内（道路交通事故、火灾事故自发生之日起 7 日内），因事故伤亡人数变化导致事故等级发生变化，依照本条例规定应当由上级人民政府负责调查的，上级人民政府可以另行组织事故调查组进行调查。

第二十一条 特别重大事故以下等级事故，事故发生地与事故发生单位不在同一个县级以上行政区域的，由事故发生地人民政府负责调查，事故发生单位所在地人民政府应当派人参加。

第二十二条 事故调查组的组成应当遵循精简、效能的原则。

根据事故的具体情况，事故调查组由有关人民政府、安全生产监督管理部门、负有安全生产监督管理职责的有关部门、监察机关、公安机关以及工会派人组成，并应当邀请人民检察院派人参加。

事故调查组可以聘请有关专家参与调查。

第二十三条 事故调查组成员应当具有事故调查所需要的知识和专长，并与所调查的事故没有直接利害关系。

第二十四条 事故调查组组长由负责事故调查的人民政府指定。事故调查组组长主持事故调查组的工作。

第二十五条 事故调查组履行下列职责：

（一）查明事故发生的经过、原因、人员伤亡情况及直接经济损失；

（二）认定事故的性质和事故责任；

（三）提出对事故责任者的处理建议；

（四）总结事故教训，提出防范和整改措施；

（五）提交事故调查报告。

第二十六条 事故调查组有权向有关单位和个人了解与事故有关的情况，并要求其提供相关文件、资料，有关单位和个人不得拒绝。

事故发生单位的负责人和有关人员在事故调查期间不得擅离职守，并应当随时接受事故调查组的询问，如实提供有关情况。

事故调查中发现涉嫌犯罪的，事故调查组应当及时将有关材料或者其复印件移交司法机关处理。

第二十七条 事故调查中需要进行技术鉴定的，事故调查组应当委托具有国家规定资质的单位进行技术鉴定。必要时，事故调查组可以直接组织专家进行技术鉴定。技术鉴定所需时间不计入事故调查期限。

第二十八条 事故调查组成员在事故调查工作中应当诚信公正、恪尽职守，遵守事故调查组的纪律，保守事故调查的秘密。

未经事故调查组组长允许，事故调查组成员不得擅自发布有关事故的信息。

第二十九条 事故调查组应当自事故发生之日起60日内提交事故调查报告；特殊情况下，经负责事故调查的人民政府批准，提交事故调查报告的期限可以适当延长，但延长的期限最长不超过60日。

第三十条 事故调查报告应当包括下列内容：

（一）事故发生单位概况；

（二）事故发生经过和事故救援情况；

（三）事故造成的人员伤亡和直接经济损失；

（四）事故发生的原因和事故性质；

（五）事故责任的认定以及对事故责任者的处理建议；

（六）事故防范和整改措施。

事故调查报告应当附具有关证据材料。事故调查组成员应当在事故调查报告上签名。

第三十一条 事故调查报告报送负责事故调查的人民政府后，事故调查工作即告结束。事故调查的有关资料应当归档保存。

第四章 事故处理

第三十二条 重大事故、较大事故、一般事故，负责事故调查的人民政府应当自收到事故调查报告之日起15日内做出批复；特别重大事故，30日内做出批复，特殊情况下，批复时间可以适当延长，但延长的时间最长不超过30日。

有关机关应当按照人民政府的批复，依照法律、行政法规规定的权限和程序，对事故发生单位和有关人员进行行政处罚，对负有事故责任的国家工作人员进行处分。

事故发生单位应当按照负责事故调查的人民政府的批复，对本单位负有事故责任的人员进行处理。

负有事故责任的人员涉嫌犯罪的，依法追究刑事责任。

第三十三条 事故发生单位应当认真吸取事故教训，落实防范和整改措施，防止事故再次发生。防范和整改措施的落实情况应当接受工会和职工的监督。

安全生产监督管理部门和负有安全生产监督管理职责的有关部门应当对事故发生单位落实防范和整改措施的情况进行监督检查。

第三十四条 事故处理的情况由负责事故调查的人民政府或者其授权的有关部门、机构向社会公布，依法应当保密的除外。

第五章 法律责任

第三十五条 事故发生单位主要负责人有下列行为之一的，处上一年年收入40%至80%的罚款；属于国家工作人员的，并依法给予处分；构成犯罪的，依法追究刑事责任：

（一）不立即组织事故抢救的；

（二）迟报或者漏报事故的；

（三）在事故调查处理期间擅离职守的。

第三十六条 事故发生单位及其有关人员有下列行为之一的，对事故发生单位处100万元以上500万元以下的罚款；对主要负责人、直接负责的主管人员和其他直接责任人员处上一年年收入60%至100%的罚款；属于国家工作人员的，并依法给予处分；构成违反治安管理行为的，由公安机关依法给予治安管理处罚；构成犯罪的，依法追究刑事责任：

（一）谎报或者瞒报事故的；

（二）伪造或者故意破坏事故现场的；

（三）转移、隐匿资金、财产，或者销毁有关证据、资料的；

（四）拒绝接受调查或者拒绝提供有关情况和资料的；

（五）在事故调查中作伪证或者指使他人作伪证的；

（六）事故发生后逃匿的。

第三十七条 事故发生单位对事故发生负有责任的，依照下列规定处以罚款：

（一）发生一般事故的，处10万元以上20万元以下的罚款；

（二）发生较大事故的，处20万元以上50万元以下的罚款；

（三）发生重大事故的，处50万元以上200万元以下的罚款；

（四）发生特别重大事故的，处200万元以上500万元以下的罚款。

第三十八条 事故发生单位主要负责人未依法履行安全生产管理职责，导致事故发生的，依照下列规定处以罚款；属于国家工作人员的，并依法给予处分；构成犯罪的，依法追究刑事责任：

（一）发生一般事故的，处上一年年收入30%的罚款；

（二）发生较大事故的，处上一年年收入40%的罚款；

（三）发生重大事故的，处上一年年收入60%的罚款；

（四）发生特别重大事故的，处上一年年收入80%的罚款。

第三十九条 有关地方人民政府、安全生产监督管理部门和负有安全生产监督管理职责的有关部门有下列行为之一的，对直接负责的主管人员和其他直接责任人员依法给予处分；构成犯罪的，依法追究刑事责任：

（一）不立即组织事故抢救的；

（二）迟报、漏报、谎报或者瞒报事故的；

（三）阻碍、干涉事故调查工作的；

（四）在事故调查中作伪证或者指使他人作伪证的。

第四十条 事故发生单位对事故发生负有责任的，由有关部门依法暂扣或者吊销其有关证照；对事故发生单位负有事故责任的有关人员，依法暂停或者撤销其与安全生产有关的执业资格、岗位证书；事故发生单位主要负责人受到刑事处罚或者撤职处分的，自刑罚执行完毕或者受处分之日起，5 年内不得担任任何生产经营单位的主要负责人。

为发生事故的单位提供虚假证明的中介机构，由有关部门依法暂扣或者吊销其有关证照及其相关人员的执业资格；构成犯罪的，依法追究刑事责任。

第四十一条 参与事故调查的人员在事故调查中有下列行为之一的，依法给予处分；构成犯罪的，依法追究刑事责任：

（一）对事故调查工作不负责任，致使事故调查工作有重大疏漏的；

（二）包庇、袒护负有事故责任的人员或者借机打击报复的。

第四十二条 违反本条例规定，有关地方人民政府或者有关部门故意拖延或者拒绝落实经批复的对事故责任人的处理意见的，由监察机关对有关责任人员依法给予处分。

第四十三条 本条例规定的罚款的行政处罚，由安全生产监督管理部门决定。

法律、行政法规对行政处罚的种类、幅度和决定机关另有规定的，依照其规定。

第六章 附 则

第四十四条 没有造成人员伤亡，但是社会影响恶劣的事故，国务院或者有关地方人民政府认为需要调查处理的，依照本条例的有关规定执行。

国家机关、事业单位、人民团体发生的事故的报告和调查处理，参照本条例的规定执行。

第四十五条 特别重大事故以下等级事故的报告和调查处理，有关法律、行政法规或者国务院另有规定的，依照其规定。

第四十六条 本条例自2007年6月1日起施行。国务院1989年3月29日公布的《特别重大事故调查程序暂行规定》和1991年2月22日公布的《企业职工伤亡事故报告和处理规定》同时废止。

第三节　生产安全事故信息报告和处置办法

《生产安全事故信息报告和处置办法》已经2009年5月27日国家安全生产监督管理总局局长办公会议审议通过，自2009年7月1日起施行。

第一章　总　则

第一条 为了规范生产安全事故信息的报告和处置工作，根据《安全生产法》、《生产安全事故报告和调查处理条例》等有关法律、行政法规，制定本办法。

第二条 生产经营单位报告生产安全事故信息和安全生产监督管理部门、煤矿安全监察机构对生产安全事故信息的报告和处置工作，适用本办法。

第三条 本办法规定的应当报告和处置的生产安全事故信

息（以下简称事故信息），是指已经发生的生产安全事故和较大涉险事故的信息。

第四条 事故信息的报告应当及时、准确和完整，信息的处置应当遵循快速高效、协同配合、分级负责的原则。

安全生产监督管理部门负责各类生产经营单位的事故信息报告和处置工作。煤矿安全监察机构负责煤矿的事故信息报告和处置工作。

第五条 安全生产监督管理部门、煤矿安全监察机构应当建立事故信息报告和处置制度，设立事故信息调度机构，实行24小时不间断调度值班，并向社会公布值班电话，受理事故信息报告和举报。

第二章 事故信息的报告

第六条 生产经营单位发生生产安全事故或者较大涉险事故，其单位负责人接到事故信息报告后应当于1小时内报告事故发生地县级安全生产监督管理部门、煤矿安全监察分局。

发生较大以上生产安全事故的，事故发生单位在依照第一款规定报告的同时，应当在1小时内报告省级安全生产监督管理部门、省级煤矿安全监察机构。

发生重大、特别重大生产安全事故的，事故发生单位在依照本条第一款、第二款规定报告的同时，可以立即报告国家安全生产监督管理总局、国家煤矿安全监察局。

第七条 安全生产监督管理部门、煤矿安全监察机构接到事故发生单位的事故信息报告后，应当按照下列规定上报事故情况，同时书面通知同级公安机关、劳动保障部门、工会、人民检察院和有关部门：

（一）一般事故和较大涉险事故逐级上报至设区的市级安全生产监督管理部门、省级煤矿安全监察机构；

（二）较大事故逐级上报至省级安全生产监督管理部门、省级煤矿安全监察机构；

（三）重大事故、特别重大事故逐级上报至国家安全生产监督管理总局、国家煤矿安全监察局。

前款规定的逐级上报，每一级上报时间不得超过 2 小时。安全生产监督管理部门依照前款规定上报事故情况时，应当同时报告本级人民政府。

第八条 发生较大生产安全事故或者社会影响重大的事故的，县级、市级安全生产监督管理部门或者煤矿安全监察分局接到事故报告后，在依照本办法**第七条**规定逐级上报的同时，应当在 1 小时内先用电话快报省级安全生产监督管理部门、省级煤矿安全监察机构，随后补报文字报告；乡镇安监站（办）可以根据事故情况越级直接报告省级安全生产监督管理部门、省级煤矿安全监察机构。

第九条 发生重大、特别重大生产安全事故或者社会影响恶劣的事故的，县级、市级安全生产监督管理部门或者煤矿安全监察分局接到事故报告后，在依照本办法**第七条**规定逐级上报的同时，应当在 1 小时内先用电话快报省级安全生产监督管理部门、省级煤矿安全监察机构，随后补报文字报告；必要时，可以直接用电话报告国家安全生产监督管理总局、国家煤矿安全监察局。

省级安全生产监督管理部门、省级煤矿安全监察机构接到事故报告后，应当在 1 小时内先用电话快报国家安全生产监督管理总局、国家煤矿安全监察局，随后补报文字报告。

国家安全生产监督管理总局、国家煤矿安全监察局接到事故报告后，应当在1小时内先用电话快报国务院总值班室，随后补报文字报告。

第十条 报告事故信息，应当包括下列内容：

（一）事故发生单位的名称、地址、性质、产能等基本情况；

（二）事故发生的时间、地点以及事故现场情况；

（三）事故的简要经过（包括应急救援情况）；

（四）事故已经造成或者可能造成的伤亡人数（包括下落不明、涉险的人数）和初步估计的直接经济损失；

（五）已经采取的措施；

（六）其他应当报告的情况。

使用电话快报，应当包括下列内容：

（一）事故发生单位的名称、地址、性质；

（二）事故发生的时间、地点；

（三）事故已经造成或者可能造成的伤亡人数（包括下落不明、涉险的人数）。

第十一条 事故具体情况暂时不清楚的，负责事故报告的单位可以先报事故概况，随后补报事故全面情况。

事故信息报告后出现新情况的，负责事故报告的单位应当依照本办法**第六条、第七条、第八条、第九条**的规定及时续报。较大涉险事故、一般事故、较大事故每日至少续报1次；重大事故、特别重大事故每日至少续报2次。

自事故发生之日起30日内（道路交通、火灾事故自发生之日起7日内），事故造成的伤亡人数发生变化的，应于当日续报。

第十二条 安全生产监督管理部门、煤矿安全监察机构接到任何单位或者个人的事故信息举报后，应当立即与事故单位或者下一级安全生产监督管理部门、煤矿安全监察机构联系，并进行调查核实。

下一级安全生产监督管理部门、煤矿安全监察机构接到上级安全生产监督管理部门、煤矿安全监察机构的事故信息举报核查通知后，应当立即组织查证核实，并在2个月内向上一级安全生产监督管理部门、煤矿安全监察机构报告核实结果。

对发生较大涉险事故的，安全生产监督管理部门、煤矿安全监察机构依照本条第二款规定向上一级安全生产监督管理部门、煤矿安全监察机构报告核实结果；对发生生产安全事故的，安全生产监督管理部门、煤矿安全监察机构应当在5日内对事故情况进行初步查证，并将事故初步查证的简要情况报告上一级安全生产监督管理部门、煤矿安全监察机构，详细核实结果在2个月内报告。

第十三条 事故信息经初步查证后，负责查证的安全生产监督管理部门、煤矿安全监察机构应当立即报告本级人民政府和上一级安全生产监督管理部门、煤矿安全监察机构，并书面通知公安机关、劳动保障部门、工会、人民检察院和有关部门。

第十四条 安全生产监督管理部门与煤矿安全监察机构之间，安全生产监督管理部门、煤矿安全监察机构与其他负有安全生产监督管理职责的部门之间，应当建立有关事故信息的通报制度，及时沟通事故信息。

第十五条 对于事故信息的每周、每月、每年的统计报告，按照有关规定执行。

第三章 事故信息的处置

第十六条 安全生产监督管理部门、煤矿安全监察机构应当建立事故信息处置责任制，做好事故信息的核实、跟踪、分析、统计工作。

第十七条 发生生产安全事故或者较大涉险事故后，安全生产监督管理部门、煤矿安全监察机构应当立即研究、确定并组织实施相关处置措施。安全生产监督管理部门、煤矿安全监察机构负责人按照职责分工负责相关工作。

第十八条 安全生产监督管理部门、煤矿安全监察机构接到生产安全事故报告后，应当按照下列规定派员立即赶赴事故现场：

（一）发生一般事故的，县级安全生产监督管理部门、煤矿安全监察分局负责人立即赶赴事故现场；

（二）发生较大事故的，设区的市级安全生产监督管理部门、省级煤矿安全监察局负责人应当立即赶赴事故现场；

（三）发生重大事故的，省级安全监督管理部门、省级煤矿安全监察局负责人立即赶赴事故现场；

（四）发生特别重大事故的，国家安全生产监督管理总局、国家煤矿安全监察局负责人立即赶赴事故现场。

上级安全生产监督管理部门、煤矿安全监察机构认为必要的，可以派员赶赴事故现场。

第十九条 安全生产监督管理部门、煤矿安全监察机构负责人及其有关人员赶赴事故现场后，应当随时保持与本单位的联系。有关事故信息发生重大变化的，应当依照本办法有关规定及时向本单位或者上级安全生产监督管理部门、煤矿安全监察机构报告。

第二十条 安全生产监督管理部门、煤矿安全监察机构应当依照有关规定定期向社会公布事故信息。

任何单位和个人不得擅自发布事故信息。

第二十一条 安全生产监督管理部门、煤矿安全监察机构应当根据事故信息报告的情况，启动相应的应急救援预案，或者组织有关应急救援队伍协助地方人民政府开展应急救援工作。

第二十二条 安全生产监督管理部门、煤矿安全监察机构按照有关规定组织或者参加事故调查处理工作。

第四章 罚 则

第二十三条 安全生产监督管理部门、煤矿安全监察机构及其工作人员未依法履行事故信息报告和处置职责的，依照有关规定予以处理。

第二十四条 生产经营单位及其有关人员对生产安全事故迟报、漏报、谎报或者瞒报的，依照有关规定予以处罚。

第二十五条 生产经营单位对较大涉险事故迟报、漏报、谎报或者瞒报的，给予警告，并处3万元以下的罚款。

第五章 附 则

第二十六条 本办法所称的较大涉险事故是指：

（一）涉险10人以上的事故；

（二）造成3人以上被困或者下落不明的事故；

（三）紧急疏散人员500人以上的事故；

（四）因生产安全事故对环境造成严重污染（人员密集场所、生活水源、农田、河流、水库、湖泊等）的事故；

（五）危及重要场所和设施安全（电站、重要水利设施、危化品库、油气站和车站、码头、港口、机场及其他人员密集场所等）的事故；

（六）其他较大涉险事故。

第二十七条 省级安全生产监督管理部门、省级煤矿安全监察机构可以根据本办法的规定，制定具体的实施办法。

第二十八条 本办法自2009年7月1日起施行。

第四节 安全生产监管监察职责和行政执法责任追究的暂行规定

《安全生产监管监察职责和行政执法责任追究的暂行规定》已经2009年5月27日国家安全生产监督管理总局局长办公会议审议通过，自2009年10月1日起施行。

第一章 总 则

第一条 为促进安全生产监督管理部门、煤矿安全监察机构及其行政执法人员依法履行职责，落实行政执法责任，保障公民、法人和其他组织合法权益，根据《公务员法》、《安全生产法》、《安全生产许可证条例》等法律法规和国务院有关规定，制定本规定。

第二条 县级以上人民政府安全生产监督管理部门、煤矿安全监察机构（以下统称安全监管监察部门）及其内设机构、行政执法人员履行安全生产监管监察职责和实施行政执法责任追究，适用本规定；法律、法规对行政执法责任追究或者党政领导干部问责另有规定的，依照其规定。

本规定所称行政执法责任追究，是指对作出违法、不当的安全监管监察行政执法行为（以下简称行政执法行为），或者未履行法定职责的安全监管监察部门及其内设机构、行政执法人员，实施行政责任追究（以下简称责任追究）。

第三条 责任追究应当遵循公正公平、有错必纠、责罚相当、惩教结合的原则，做到事实清楚、证据确凿、定性准确、处理适当、程序合法、手续完备。

第四条 责任追究实行回避制度。与违法、不当行政执法行为或者责任人有利害关系，或者有其他特殊关系，可能影响公正处理的人员，实施责任追究时应当回避。

安全监管监察部门负责人的回避由该部门负责人集体讨论决定，其他人员的回避由该部门负责人决定。

第二章 安全生产监管监察和行政执法职责

第五条 县级以上人民政府安全生产监督管理部门依法对本行政区域内安全生产工作实施综合监督管理，指导协调和监督检查本级人民政府有关部门依法履行安全生产监督管理职责；对本行政区域内没有其他行政主管部门负责安全生产监督管理的生产经营单位实施安全生产监督管理；对下级人民政府安全生产工作进行监督检查。

煤矿安全监察机构依法履行国家煤矿安全监察职责，实施煤矿安全监察行政执法，对煤矿安全进行重点监察、专项监察和定期监察，对地方人民政府依法履行煤矿安全生产监督管理职责的情况进行监督检查。

第六条 安全监管监察部门应当依照法律、法规、规章和本级人民政府、上级安全监管监察部门规定的安全监管监察职责，根据各自的监管监察权限、行政执法人员数量、监管监察的生产经营单位状况、技术装备和经费保障等实际情况，制定本部门年度安全监管或者煤矿安全监察执法工作计划。

安全监管执法工作计划应当报本级人民政府批准后实施，

并报上一级安全监管部门备案；煤矿安全监察执法工作计划应当报上一级煤矿安全监察机构批准后实施。安全监管和煤矿安全监察执法工作计划因特殊情况需要作出重大调整或者变更的，应当及时报原批准单位批准，并按照批准后的计划执行。

安全监管和煤矿安全监察执法工作计划应当包括监管监察的对象、时间、次数、主要事项、方式和职责分工等内容。根据安全监管监察工作需要，安全监管监察部门可以按照安全监管和煤矿安全监察执法工作计划编制现场检查方案，对作业现场的安全生产实施监督检查。

第七条 安全监管监察部门应当按照各自权限，依照法律、法规、规章和国家标准或者行业标准规定的安全生产条件和程序，履行下列行政许可职责：

（一）矿山建设项目和用于生产、储存危险物品的建设项目安全设施的设计审查、竣工验收；

（二）矿山企业、危险化学品和烟花爆竹生产企业的安全生产许可；

（三）危险化学品经营许可；

（四）非药品类易制毒化学品生产、经营许可；

（五）烟花爆竹经营（批发、零售）许可；

（六）矿山、危险化学品、烟花爆竹生产经营单位主要负责人、安全生产管理人员的安全资格认定和特种作业人员（特种设备作业人员除外）操作资格认定；

（七）煤矿矿用产品安全标志认证机构资质的认可；

（八）矿山救护队资质认定；

（九）安全生产检测检验、安全评价机构资质的认可；

（十）安全培训机构资质的认可；

（十一）使用有毒物品作业场所职业卫生安全许可；

（十二）注册助理安全工程师资格、注册安全工程师执业资格的考试和注册；

（十三）法律、行政法规和国务院设定的其他行政许可。

行政许可申请人对其申请材料实质内容的真实性负责。安全监管监察部门对符合法定条件的申请，应当依法予以受理，并作出准予或者不予行政许可的决定。根据法定条件和程序，需要对申请材料的实质内容进行核实的，应当指派两名以上行政执法人员进行核查。

对未依法取得行政许可或者验收合格擅自从事有关活动的生产经营单位，安全监管监察部门发现或者接到举报后，属于本部门行政许可职责范围的，应当及时依法查处；属于其他部门行政许可职责范围的，应当及时移送相关部门。对已经依法取得本部门行政许可的生产经营单位，发现其不再具备安全生产条件的，安全监管监察部门应当依法暂扣或者吊销原行政许可证件。

第八条 安全监管监察部门应当按照年度安全监管和煤矿安全监察执法工作计划、现场检查方案，对生产经营单位是否具备有关法律、法规、规章和国家标准或者行业标准规定的安全生产条件进行监督检查，重点监督检查下列事项：

（一）依法取得有关安全生产行政许可的情况；

（二）作业场所职业危害防治的情况；

（三）建立和落实安全生产责任制、安全生产规章制度和操作规程、作业规程的情况；

（四）按照国家规定提取和使用安全生产费用、安全生产风险抵押金，以及其他安全生产投入的情况；

（五）依法设置安全生产管理机构和配备安全生产管理人员的情况；

（六）从业人员受到安全生产教育、培训，取得有关安全资格证书的情况；

（七）新建、改建、扩建工程项目的安全设施与主体工程同时设计、同时施工、同时投入生产和使用，以及按规定办理设计审查和竣工验收的情况；

（八）在有较大危险因素的生产经营场所和有关设施、设备上，设置安全警示标志的情况；

（九）对安全设备设施的维护、保养、定期检测的情况；

（十）重大危险源登记建档、定期检测、评估、监控和制定应急预案的情况；

（十一）教育和督促从业人员严格执行本单位的安全生产规章制度和安全操作规程，并向从业人员如实告知作业场所和工作岗位存在的危险因素、防范措施以及事故应急措施的情况；

（十二）为从业人员提供符合国家标准或者行业标准的劳动防护用品，并监督、教育从业人员按照使用规则正确佩戴和使用的情况；

（十三）在同一作业区域内进行生产经营活动，可能危及对方生产安全的，与对方签订安全生产管理协议，明确各自的安全生产管理职责和应当采取的安全措施，并指定专职安全生产管理人员进行安全检查与协调的情况；

（十四）对承包单位、承租单位的安全生产工作实行统一协调、管理的情况；

（十五）组织安全生产检查，及时排查治理生产安全事故隐患的情况；

（十六）制定、实施生产安全事故应急预案，以及有关应急预案备案的情况；

（十七）危险物品的生产、经营、储存单位以及矿山企业建立应急救援组织或者兼职救援队伍、签订应急救援协议，以及应急救援器材、设备的配备、维护、保养的情况；

（十八）按照规定报告生产安全事故的情况；

（十九）依法应当监督检查的其他情况。

第九条 安全监管监察部门在监督检查中，发现生产经营单位存在安全生产违法行为或者事故隐患的，应当依法采取下列现场处理措施：

（一）当场予以纠正；

（二）责令限期改正、责令限期达到要求；

（三）责令立即停止作业（施工）、责令立即停止使用、责令立即排除事故隐患；

（四）责令从危险区域撤出作业人员；

（五）责令暂时停产停业、停止建设、停止施工或者停止使用；

（六）依法应当采取的其他现场处理措施。

第十条 被责令限期改正、限期达到要求、暂时停产停业、停止建设、停止施工或者停止使用的生产经营单位提出复查申请或者整改、治理限期届满的，安全监管监察部门应当自收到申请或者限期届满之日起10日内进行复查，并填写复查意见书，由被复查单位和安全监管监察部门复查人员签名后存档。

煤矿安全监察机构依照有关规定将复查工作移交给县级以上地方人民政府负责煤矿安全生产监督管理的部门的，应当及时将相应的执法文书抄送该部门并备案。县级以上地方人民政府负责煤矿安全生产监督管理的部门应当自收到煤矿申请或者限期届满之日起10日内进行复查，并填写复查意见书，由被复查煤矿和复查人员签名后存档，并将复查意见书及时抄送移交复查的煤矿安全监察机构。

对逾期未整改、治理或者整改、治理不合格的生产经营单位，安全监管监察部门应当依法给予行政处罚，并依法提请县级以上地方人民政府按照规定的权限决定关闭。

第十一条 安全监管监察部门在监督检查中，发现生产经营单位存在安全生产非法、违法行为的，有权依法采取下列行政强制措施：

（一）对有根据认为不符合安全生产的国家标准或者行业标准的在用设施、设备、器材，予以查封或者扣押，并应当在作出查封、扣押决定之日起15日内依法作出处理决定；

（二）扣押相关的证据材料和违法物品，临时查封有关场所；

（三）法律、法规规定的其他行政强制措施。

实施查封、扣押的，应当当场下达查封、扣押决定书和被查封、扣押的财物清单。在交通不便地区，或者不及时查封、扣押可能影响案件查处，或者存在事故隐患可能造成生产安全事故的，可以先行实施查封、扣押，并在48小时内补办查封、扣押决定书，送达当事人。

第十二条 安全监管监察部门在监督检查中，发现生产经营单位存在的安全问题涉及有关地方人民政府或其有关部门的，应当及时向有关地方人民政府报告或其有关部门通报。

第十三条 安全监管监察部门应当严格依照法律、法规和规章规定的行政处罚的行为、种类、幅度和程序，按照各自的管辖权限，对监督检查中发现的生产经营单位及有关人员的安全生产非法、违法行为实施行政处罚。

对到期不缴纳罚款的，安全监管监察部门可以每日按罚款数额的百分之三加处罚款。

生产经营单位拒不执行安全监管监察部门行政处罚决定的，作出行政处罚决定的安全监管监察部门可以依法申请人民法院强制执行；拒不执行处罚决定可能导致生产安全事故的，应当及时向有关地方人民政府报告或其有关部门通报。

第十四条 安全监管监察部门对生产经营单位及其从业人员作出现场处理措施、行政强制措施和行政处罚决定等行政执法行为前，应当充分听取当事人的陈述、申辩，对其提出的事实、理由和证据，应当进行复核。当事人提出的事实、理由和证据成立的，应当予以采纳。

安全监管监察部门对生产经营单位及其从业人员作出现场处理措施、行政强制措施和行政处罚决定等行政执法行为时，应当依法制作有关法律文书，并按照规定送达当事人。

第十五条 安全监管监察部门应当依法履行下列生产安全事故报告和调查处理职责：

（一）建立值班制度，并向社会公布值班电话，受理事故报告和举报；

（二）按照法定的时限、内容和程序逐级上报和补报事故；

（三）接到事故报告后，按照规定派人立即赶赴事故现场，组织或者指导协调事故救援；

（四）按照规定组织或者参加事故调查处理；

（五）对事故发生单位落实事故防范和整改措施的情况进行监督检查；

（六）依法对事故责任单位和有关责任人员实施行政处罚；

（七）依法应当履行的其他职责。

第十六条 安全监管监察部门应当依法受理、调查和处理本部门法定职责范围内的举报事项，并形成书面材料。调查处理情况应当答复举报人，但举报人的姓名、名称、住址不清的除外。对不属于本部门职责范围的举报事项，应当依法予以登记，并告知举报人向有权机关提出。

第十七条 安全监管监察部门应当依法受理行政复议申请，审理行政复议案件，并作出处理或者决定。

第三章 责任追究的范围与承担责任的主体

第十八条 安全监管监察部门及其内设机构、行政执法人员履行本规定第二章规定的行政执法职责，有下列违法或者不当的情形之一，致使行政执法行为被撤销、变更、确认违法，或者被责令履行法定职责、承担行政赔偿责任的，应当实施责任追究：

（一）超越、滥用法定职权的；

（二）主要事实不清、证据不足的；

（三）适用依据错误的；

（四）行政裁量明显不当的；

（五）违反法定程序的；

（六）未按照年度安全监管或者煤矿安全监察执法工作计划、现场检查方案履行法定职责的；

（七）其他违法或者不当的情形。

前款所称的行政执法行为被撤销、变更、确认违法，或者被责令履行法定职责、承担行政赔偿责任，是指行政执法行为被人民法院生效的判决、裁定，或者行政复议机关等有权机关的决定予以撤销、变更、确认违法或者被责令履行法定职责、承担行政赔偿责任的情形。

第十九条 有下列情形之一的，安全监管监察部门及其内设机构、行政执法人员不承担责任：

（一）因生产经营单位、中介机构等行政管理相对人的行为，致使安全监管监察部门及其内设机构、行政执法人员无法作出正确行政执法行为的；

（二）因有关行政执法依据规定不一致，致使行政执法行为适用法律、法规和规章依据不当的；

（三）因不能预见、不能避免并不能克服的不可抗力致使行政执法行为违法、不当或者未履行法定职责的；

（四）违法、不当的行政执法行为情节轻微并及时纠正，没有造成不良后果或者不良后果被及时消除的；

（五）按照批准、备案的安全监管或者煤矿安全监察执法工作计划、现场检查方案和法律、法规、规章规定的方式、程序已经履行安全生产监管监察职责的；

（六）对发现的安全生产非法、违法行为和事故隐患已经依法查处，因生产经营单位及其从业人员拒不执行安全生产监管监察指令导致生产安全事故的；

（七）生产经营单位非法生产或者经责令停产停业整顿后仍不具备安全生产条件，安全监管监察部门已经依法提请县级以上地方人民政府决定取缔或者关闭的；

（八）对拒不执行行政处罚决定的生产经营单位，安全监管监察部门已经依法申请人民法院强制执行的；

（九）安全监管监察部门已经依法向县级以上地方人民政府提出加强和改善安全生产监督管理建议的；

（十）依法不承担责任的其他情形。

第二十条　承办人直接作出违法或者不当行政执法行为的，由承办人承担责任。

第二十一条　对安全监管监察部门应当经审核、批准作出的行政执法行为，分别按照下列情形区分并承担责任：

（一）承办人未经审核人、批准人审批擅自作出行政执法行为，或者不按审核、批准的内容实施，致使行政执法行为违法或者不当的，由承办人承担责任；

（二）承办人弄虚作假、徇私舞弊，或者承办人提出的意见错误，审核人、批准人没有发现或者发现后未予以纠正，致使行政执法行为违法或者不当的，由承办人承担主要责任，审核人、批准人承担次要责任；

（三）审核人改变或者不采纳承办人的正确意见，批准人批准该审核意见，致使行政执法行为违法或者不当的，由审核人承担主要责任，批准人承担次要责任；

（四）审核人未报请批准人批准而擅自作出决定，致使行政执法行为违法或者不当的，由审核人承担责任；

（五）审核人弄虚作假、徇私舞弊，致使批准人作出错误决定的，由审核人承担责任；

（六）批准人改变或者不采纳承办人、审核人的正确意见，致使行政执法行为违法或者不当的，由批准人承担责任；

（七）未经承办人拟办、审核人审核，批准人直接作出违法或者不当的行政执法行为的，由批准人承担责任。

第二十二条　因安全监管监察部门指派不具有行政执法资格的单位或者人员执法，致使行政执法行为违法或者不当的，由指派部门及其负责人承担责任。

第二十三条　因安全监管监察部门负责人集体研究决定，致使行政执法行为违法或者不当的，主要负责人应当承担主要责任，参与作出决定的其他负责人应当分别承担相应的责任。

安全监管监察部门负责人擅自改变集体决定，致使行政执法行为违法或者不当的，由该负责人承担全部责任。

第二十四条 两名以上行政执法人员共同作出违法或者不当行政执法行为的，由主办人员承担主要责任，其他人员承担次要责任；不能区分主要、次要责任人的，共同承担责任。

因安全监管监察部门内设机构单独决定，致使行政执法行为违法或者不当的，由该机构承担全部责任；因两个以上内设机构共同决定，致使行政执法行为违法或者不当的，由有关内设机构共同承担责任。

第二十五条 经安全监管监察部门内设机构会签作出的行政执法行为，分别按照下列情形区分并承担责任：

（一）主办机构提供的有关事实、证据不真实、不准确或者不完整，会签机构通过审查能够提出正确意见但没有提出，致使行政执法行为违法或者不当的，由主办机构承担主要责任，会签机构承担次要责任；

（二）主办机构没有采纳会签机构提出的正确意见，致使行政执法行为违法或者不当的，由主办机构承担责任。

第二十六条 因执行上级安全监管监察部门的指示、批复，致使行政执法行为违法或者不当的，由作出指示、批复的上级安全监管监察部门承担责任。

因请示、报告单位隐瞒事实或者未完整提供真实情况等原因，致使上级安全监管监察部门作出错误指示、批复的，由请示、报告单位承担责任。

第二十七条 下级安全监管监察部门认为上级的决定或者命令有错误的，可以向上级提出改正、撤销该决定或者命令的意见；上级不改变该决定或者命令，或者要求立即执行的，下级安全监管监察部门应当执行该决定或者命令，其不当或者违法责任由上级安全监管监察部门承担。

第二十八条 上级安全监管监察部门改变、撤销下级安全监管监察部门作出的行政执法行为，致使行政执法行为违法或者不当的，由上级安全监管监察部门及其有关内设机构、行政执法人员依照本章规定分别承担相应责任。

第二十九条 安全监管监察部门及其内设机构、行政执法人员不履行法定职责的，应当根据各自的职责分工，依照本章规定区分并承担责任。

第四章 责任追究的方式与适用

第三十条 对安全监管监察部门及其内设机构的责任追究包括下列方式：

（一）责令限期改正；

（二）通报批评；

（三）取消当年评优评先资格；

（四）法律、法规和规章规定的其他方式。

对行政执法人员的责任追究包括下列方式：

（一）批评教育；

（二）离岗培训；

（三）取消当年评优评先资格；

（四）暂扣行政执法证件；

（五）调离执法岗位；

（六）法律、法规和规章规定的其他方式。

本条第一款和第二款规定的责任追究方式，可以单独或者合并适用。

第三十一条 对安全监管监察部门及其内设机构、行政执法人员实施责任追究的时候，应当根据违法、不当行政执法行为的事实、性质、情节和对于社会的危害程度，依照本规定的有关条款决定。

第三十二条 违法或者不当行政执法行为的情节较轻、危害较小的，对安全监管监察部门责令限期改正，对行政执法人员予以批评教育或者离岗培训，并取消当年评优评先资格。

违法或者不当行政执法行为的情节较重、危害较大的，对安全监管监察部门责令限期改正，予以通报批评，并取消当年评优评先资格；对行政执法人员予以调离执法岗位或者暂扣行政执法证件，并取消当年评优评先资格。

第三十三条 安全监管监察部门及其内设机构在年度行政执法评议考核中被确定为不合格的，责令限期改正，并予以通报批评、取消当年评优评先资格。

行政执法人员在年度行政执法评议考核中被确定为不称职的，予以离岗培训、暂扣行政执法证件，并取消当年评优评先资格。

第三十四条 一年内被申请行政复议或者被提起行政诉讼的行政执法行为中，被撤销、变更、确认违法的比例占20％以上（含本数，下同）的，应当责令有关安全监管监察部门限期改正，并取消当年评优评先资格。

第三十五条 安全监管监察部门承担行政赔偿责任的，应当依照《国家赔偿法》第十四条的规定，责令有故意或者重大过失的行政执法人员承担全部或者部分行政赔偿费用。

第三十六条 对实施违法或者不当的行政执法行为，或者未履行法定职责的行政执法人员，依照《公务员法》、《行政机关公务员处分条例》等的规定应当给予行政处分或者辞退处理的，依照其规定。

第三十七条 行政执法人员的行政执法行为涉嫌犯罪的，移交司法机关处理。

第三十八条 有下列情形之一的，可以从轻或者减轻追究责任：

（一）违反本规定**第十一条**至**第十四条**所规定的职责，未造成严重后果的；

（二）主动采取措施，有效避免损失或者挽回影响的；

（三）积极配合责任追究，并且主动承担责任的；

（四）依法可以从轻的其他情形。

第三十九条 有下列情形之一的，应当从重追究责任：

（一）因违法、不当行政执法行为或者不履行法定职责，严重损害国家声誉，或者造成恶劣社会影响，或者致使公共财产、国家和人民利益遭受重大损失的；

（二）滥用职权、玩忽职守、徇私舞弊，致使行政执法行为违法、不当的；

（三）弄虚作假、隐瞒真相，干扰、阻碍责任追究的；

（四）对检举人、控告人、申诉人和实施责任追究的人员打击、报复、陷害的；

（五）一年内出现两次以上应当追究责任的情形的；

（六）依法应当从重追究责任的其他情形。

第五章　责任追究的机关与程序

第四十条 安全生产监督管理部门及其负责人的责任，按照干部管理权限，由其上级安全生产监督管理部门或者本级人民政府行政监察机关追究；所属内设机构和其他行政执法人员的责任，由所在安全生产监督管理部门追究。

煤矿安全监察机构及其负责人的责任，按照干部管理权限，由其上级煤矿安全监察机构追究；所属内设机构及其行政执法人员的责任，由所在煤矿安全监察机构追究。

第四十一条 安全监管监察部门进行责任追究，按照下列程序办理：

（一）负责法制工作的机构自行政执法行为被确认违法、不当之日起15日内，将有关当事人的情况书面通报本部门负责行政监察工作的机构；

（二）负责行政监察工作的机构自收到法制工作机构通报或者直接收到有关行政执法行为违法、不当的举报之日起60日内调查核实有关情况，提出责任追究的建议，报本部门领导班子集体讨论决定；

（三）负责人事工作的机构自责任追究决定作出之日起15日内落实决定事项。

法律、法规对责任追究的程序另有规定的，依照其规定。

第四十二条 安全监管监察部门实施责任追究应当制作《行政执法责任追究决定书》。《行政执法责任追究决定书》由负责行政监察工作的机构草拟，安全监管监察部门作出决定。

《行政执法责任追究决定书》应当写明责任追究的事实、依据、方式、批准机关、生效时间、当事人的申诉期限及受理机关等。离岗培训和暂扣行政执法证件的，还应当写明培训和暂扣的期限等。

第四十三条 安全监管监察部门作出责任追究决定前，负责行政监察工作的机构应当将追究责任的有关事实、理由和依据告知当事人，并听取其陈述和申辩。对其合理意见，应当予以采纳。

《行政执法责任追究决定书》应当送到当事人，以及当事人所在的单位和内设机构。责任追究决定作出后，作出决定的安全监管监察部门应当派人与当事人谈话，做好思想工作，督促其做好工作交接等后续工作。

当事人对责任追究决定不服的，可以依照《公务员法》等规定申请复核和提出申诉。申诉期间，不停止责任追究决定的执行。

第四十四条 对当事人的责任追究情况应当作为其考核、奖惩、任免的重要依据。安全监管监察部门负责人事工作的机构应当将责任追究的有关材料记入当事人个人档案。

第六章 附 则

第四十五条 本规定所称的安全生产非法行为，是指公民、法人或者其他组织未依法取得安全监管监察部门的行政许可，擅自从事生产经营活动的行为，或者该行政许可已经失效，继续从事生产经营活动的行为。

本规定所称的安全生产违法行为，是指公民、法人或者其他组织违反有关安全生产的法律、法规、规章、国家标准、行业标准的规定，从事生产经营活动的行为。

本规定所称的违法的行政执法行为，是指违反法律、法规、规章规定的职责、程序所作出的具体行政行为。

本规定所称的不当的行政执法行为，是指违反客观、适度、公平、公正、合理等适用法律的一般原则所作出的具体行政行为。

第四十六条 依法授权或者委托行使安全生产行政执法职责的单位及其行政执法人员的责任追究，参照本规定执行。

第四十七条 本规定自2009年10月1日起施行。省、自治区、直辖市人民代表大会及其常务委员会或者省、自治区、直辖市人民政府对地方安全生产监督管理部门及其内设机构、行政执法人员的责任追究另有规定的，依照其规定。

第五节 安全生产行政复议规定

《安全生产行政复议规定》已经 2007 年 9 月 25 日国家安全生产监督管理总局局长办公会议审议通过，自 2007 年 11 月 1 日起施行，原国家经济贸易委员会 2003 年 2 月 18 日公布的《安全生产行政复议暂行办法》和原国家安全生产监督管理局（国家煤矿安全监察局）2003 年 6 月 20 日公布的《煤矿安全监察行政复议规定》同时废止。

第一章 总 则

第一条 为了规范安全生产行政复议工作，解决行政争议，根据《中华人民共和国行政复议法》和《中华人民共和国行政复议法实施条例》，制定本规定。

第二条 公民、法人或者其他组织认为安全生产监督管理部门、煤矿安全监察机构（以下统称安全监管监察部门）的具体行政行为侵犯其合法权益，向安全生产行政复议机关申请行政复议，安全生产行政复议机关受理行政复议申请，作出行政复议决定，适用本规定。

第三条 依法履行行政复议职责的安全监管监察部门是安全生产行政复议机关。安全生产行政复议机关负责法制工作的机构是本机关的行政复议机构（以下简称安全生产行政复议机构）。

安全生产行政复议机关应当领导、支持本机关行政复议机构依法办理行政复议事项，并依照有关规定充实、配备专职行政复议人员，保证行政复议机构的办案能力与工作任务相适应。

第四条 国家安全生产监督管理总局办理行政复议案件按照下列程序，统一受理，分工负责：

（一）政策法规司按照本规定规定的期限，对行政复议申请进行初步审查，做出受理或者不予受理的决定。对决定受理的，将案卷材料转送相关业务司局分口承办；

（二）相关业务司局收到案卷材料后，应当在30日内了解核实有关情况，提出处理意见；

（三）政策法规司根据处理意见，在20日内拟定行政复议决定书，提交本局负责人集体讨论或者主管负责人审定；

（四）本局负责人集体讨论通过或者主管负责人同意后，政策法规司制作行政复议决定书，并送达申请人、被申请人和第三人。

国家煤矿安全监察局和省级及省级以下安全监管监察部门办理行政复议案件参照上述程序执行。

第二章 行政复议范围与管辖

第五条 公民、法人或者其他组织对安全监管监察部门作出的下列具体行政行为不服，可以申请行政复议：

（一）行政处罚决定；

（二）行政强制措施；

（三）行政许可的变更、中止、撤销、撤回等决定；

（四）认为符合法定条件，申请安全监管监察部门办理许可证、资格证等行政许可手续，安全监管监察部门没有依法办理的；

（五）认为安全监管监察部门违法收费或者违法要求履行义务的；

（六）认为安全监管监察部门其他具体行政行为侵犯其合法权益的。

第六条 公民、法人或者其他组织认为安全监管监察部门的具体行政行为所依据的规定不合法，在对具体行政行为申请行政复议时，可以依据行政复议法**第七条**的规定一并提出审查申请。

第七条 安全监管监察部门作出的下列行政行为，不属于安全生产行政复议范围：

（一）生产安全事故调查报告；

（二）不具有强制力的行政指导行为和信访答复行为；

（三）生产安全事故隐患认定；

（四）公告信息发布；

（五）法律、行政法规规定的非具体行政行为。

第八条 对县级以上地方人民政府安全生产监督管理部门作出的具体行政行为不服的，可以向上一级安全生产监督管理部门申请行政复议，也可以向同级人民政府申请行政复议。已向同级人民政府提出行政复议申请，且同级人民政府已经受理的，上一级安全生产监督管理部门不再受理。

对国家安全生产监督管理总局作出的具体行政行为不服的，向国家安全生产监督管理总局申请行政复议。

第九条 对煤矿安全监察分局作出的具体行政行为不服的，向该分局所隶属的省级煤矿安全监察局申请行政复议。

对省级煤矿安全监察机构作出的具体行政行为不服的，向国家安全生产监督管理总局申请行政复议。

对国家煤矿安全监察局作出的具体行政行为不服的，向国家煤矿安全监察局申请行政复议。

第十条 安全监管监察部门设立的派出机构、内设机构或者其他组织，未经法律、行政法规授权，对外以自己名义作出具体行政行为的，该安全监管监察部门为被申请人。

第十一条 对安全监管监察部门依法委托的机构，以委托的安全监管监察部门名义作出的具体行政行为不服的，依照本规定**第八条**和**第九条**的规定申请行政复议。

第十二条 对安全监管监察部门与有关部门共同作出的具体行政行为不服的，可以向其共同的上一级行政机关申请行政复议。共同作出具体行政行为的安全监管监察部门与有关部门为共同被申请人。

对国家安全生产监督管理总局与国务院其他部门共同作出的具体行政行为不服的，可以向国家安全生产监督管理总局或者共同作出具体行政行为的其他任何一个部门提起行政复议申请，由作出具体行政行为的部门共同作出行政复议决定。

第十三条 下级安全监管监察部门依照法律、行政法规、规章规定，经上级安全监管监察部门批准作出具体行政行为的，批准机关为被申请人。

第三章　行政复议的申请与受理

第十四条 安全监管监察部门作出具体行政行为，依法应当向有关公民、法人或者其他组织送达法律文书而未送达的，视为该公民、法人或者其他组织不知道该具体行政行为。

安全监管监察部门作出的具体行政行为对公民、法人或者其他组织的权利、义务可能产生不利影响的，应当告知其申请行政复议的权利、行政复议机关和行政复议申请期限。

第十五条 行政复议可以书面申请，也可以当场口头申请。书面申请可以采取当面递交、邮寄或者传真等方式提出，并在行政复议申请书中载明《行政复议法实施条例》**第十九条**规定的事项。

当场口头申请的，安全生产行政复议机构应当按照第一款规定的事项，当场制作行政复议申请笔录交申请人核对或者向申请人宣读，并由申请人签字确认。

第十六条 安全生产行政复议机构应当自收到行政复议申请之日起3日内对复议申请是否符合下列条件进行初步审查：

（一）有明确的申请人和被申请人；

（二）申请人与具体行政行为有利害关系；

（三）有具体的行政复议请求和事实依据；

（四）在法定申请期限内提出；

（五）属于本规定**第五条**规定的行政复议范围；

（六）属于收到行政复议申请的行政复议机关的职责范围；

（七）其他行政复议机关尚未受理同一行政复议申请，人民法院尚未受理同一主体就同一事实提起的行政诉讼。

第十七条 行政复议申请错列被申请人的，安全生产行政复议机构应当告知申请人变更被申请人。

第十八条 行政复议申请材料不齐全或者表述不清楚的，安全生产行政复议机构可以自收到该行政复议申请之日起5日内书面通知申请人补正。补正通知应当载明需要补正的事项和合理的补正期限。无正当理由逾期不补正的，视为申请人放弃行政复议申请。补正申请材料所用时间不计入行政复议审理期限。

第十九条 经初步审查后，安全生产行政复议机构应当自收到行政复议申请之日起5日内按下列规定作出处理：

（一）符合本规定**第十六条**规定的，予以受理，并制发行政复议受理决定书；

（二）不符合本规定**第十六条**规定的，决定不予受理，并制发行政复议申请不予受理决定书；

（三）不属于本机关职责范围的，应当告知申请人向有权受理的行政复议机关提出。

第二十条 行政复议期间，安全生产行政复议机构认为申请人以外的公民、法人或者其他组织与被审查的具体行政行为有利害关系的，可以通知其作为第三人参加行政复议。

行政复议期间，申请人以外的公民、法人或者其他组织与被审查的具体行政行为有利害关系的，可以向安全生产行政复议机构申请作为第三人参加行政复议。

第四章 行政复议的审理和决定

第二十一条 安全生产行政复议机构审理行政复议案件，应当由2名以上行政复议人员参加。

第二十二条 安全生产行政复议机构应当自行政复议申请受理之日起7日内，将行政复议申请书副本或者行政复议申请笔录复印件发送被申请人。

被申请人应当自收到申请书副本或者行政复议申请笔录复印件之日起10日内，按照复议机构要求的份数提出书面答复，并提交当初作出具体行政行为的证据、依据和其他有关材料。

被申请人书面答复应当载明下列事项，并加盖单位公章：

（一）作出具体行政行为的基本过程和情况；

（二）作出具体行政行为的事实依据和有关证据材料；

（三）作出具体行政行为所依据的法律、行政法规、规章和规范性文件的文号、具体条款和内容；

（四）对申请人复议请求的意见和理由；

（五）答复的年月日。

第二十三条 有下列情形之一的，被申请人经安全生产行政复议机构允许可以补充相关证据：

（一）在作出具体行政行为时已经收集证据，但因不可抗力等正当理由不能提供的；

（二）申请人或者第三人在行政复议过程中，提出了其在安全监管监察部门实施具体行政行为过程中没有提出的申辩理由或者证据的。

第二十四条 有下列情形之一的，申请人应当提供证明材料：

（一）认为被申请人不履行法定职责的，提供曾经要求被申请人履行法定职责而被申请人未履行的证明材料，但被申请人依法应当主动履行的除外；

（二）申请行政复议时一并提出行政赔偿请求的，提供受具体行政行为侵害而造成损害的证明材料；

（三）申请人自己主张的事实；

（四）法律、行政法规规定由申请人提供证据材料的其他情形。

第二十五条 申请人、被申请人、第三人应当对其提交的证据材料分类编号，对证据材料的来源、证明对象和内容作简要说明，并在证据材料上签字或者盖章，注明提交日期。

证据材料是复印件的，应当经复议机构核对无误，并注明原件存放的单位和处所。

第二十六条 行政复议原则上采取书面审理的方式，但对重大、复杂的案件，申请人提出要求或者安全生产行政复议机构认为必要时，可以采取听证的方式审理。

听证应当保障当事人平等的陈述、质证和辩论的权利。

第二十七条 安全生产行政复议机构采取听证的方式审理复议案件，应当制作听证笔录并载明下列事项：

（一）案由，听证的时间、地点；

（二）申请人、被申请人、第三人及其代理人的基本情况；

（三）听证主持人、听证员、书记员的姓名、职务等；

（四）申请人、被申请人、第三人争议的焦点问题，有关事实、证据和依据；

（五）其他应当记载的事项。

申请人、被申请人、第三人应当核对听证笔录并签字或者盖章。

第二十八条 安全生产行政复议机构认为必要时，可以实地调查核实证据。调查核实时，行政复议人员不得少于2人，并应当向当事人或者有关人员出示证件。

需要现场勘验的，现场勘验所用时间不计入行政复议审理期限。

第二十九条 安全生产行政复议期间涉及专门事项需要鉴定的，当事人可以自行委托鉴定机构进行鉴定，也可以申请行政复议机构委托鉴定机构进行鉴定。鉴定费用由当事人承担。鉴定所用时间不计入行政复议审理期限。

第三十条 申请人在行政复议决定作出前自愿撤回行政复议申请的，经行政复议机构同意，可以撤回。

申请人撤回行政复议申请的，不得以同一事实和理由再次提出行政复议申请。但是，申请人能够证明撤回行政复议申请违背其真实意思表示的除外。

第三十一条 行政复议申请由两个以上申请人共同提出，

在行政复议决定作出前，部分申请人撤回行政复议申请的，安全生产行政复议机关应当就其他申请人未撤回的行政复议申请作出行政复议决定。

第三十二条 被申请人在复议期间改变原具体行政行为的，应当书面告知复议机构。

被申请人改变原具体行政行为，申请人撤回复议申请的，行政复议终止；申请人不撤回复议申请的，安全生产行政复议机关经审查认为原具体行政行为违法的，应当作出确认其违法的复议决定；认为原具体行政行为合法的，应当作出维持的复议决定。

第三十三条 公民、法人或者其他组织对安全监管监察部门行使法律、行政法规规定的自由裁量权作出的具体行政行为不服申请行政复议，申请人与被申请人在行政复议决定作出前自愿达成和解的，应当向安全生产行政复议机构提交书面和解协议；和解内容不损害社会公共利益和他人合法权益的，安全生产行政复议机构应当准许。

第三十四条 有下列情形之一的，安全生产行政复议机构可以按照自愿、合法的原则进行调解：

（一）公民、法人或者其他组织对安全监管监察部门行使法律、行政法规规定的自由裁量权作出的具体行政行为不服申请行政复议的；

（二）当事人之间的行政赔偿或者行政补偿的纠纷。

当事人经调解达成协议的，安全生产行政复议机关应当制作行政复议调解书。调解书应当载明行政复议请求、事实、理由和调解结果，并加盖安全生产行政复议机关印章。行政复议调解书经双方当事人签字，即具有法律效力。

调解未达成协议或者调解书生效前一方反悔的，安全生产行政复议机关应当及时作出行政复议决定。

第三十五条 安全生产行政复议机构应当对被申请人作出的具体行政行为进行审查，提出意见，经安全生产行政复议机关集体讨论通过或者负责人同意后，依法作出行政复议决定。

第三十六条 被申请人被责令重新作出具体行政行为的，应当在法律、行政法规、规章规定的期限内重新作出具体行政行为；法律、行政法规、规章未规定期限的，重新作出具体行政行为的期限为60日。

被申请人不得以同一事实和理由作出与原具体行政行为相同或者基本相同的具体行政行为。但因违反法定程序被责令重新作出具体行政行为的除外。

第三十七条 申请人在申请行政复议时一并提出行政赔偿请求，安全生产行政复议机关对符合国家赔偿法有关规定应当给予赔偿的，在决定撤销、变更具体行政行为或者确认具体行政行为违法时，应当同时决定被申请人依法给予赔偿。

申请人在申请行政复议时没有提出行政赔偿请求的，安全生产行政复议机关在依法决定撤销或者变更原具体行政行为确定的罚款以及对设备、设施、器材的扣押、查封等强制措施时，应当同时责令被申请人返还罚款，解除对设备、设施、器材的扣押、查封等强制措施。

第三十八条 安全生产行政复议机关在申请人的行政复议请求范围内，不得作出对申请人更为不利的行政复议决定。

第五章 附 则

第三十九条 安全生产行政复议机关及其工作人员和被申请人在安全生产行政复议工作中违反本规定的，依照行政复议法及其实施条例的规定，追究法律责任。

第四十条 行政复议期间的计算和行政复议文书的送达，依照民事诉讼法关于期间、送达的规定执行。

本规定关于行政复议期间有关“3日”“5日”、“7日”的规定是指工作日，不含节假日。

第四十一条 安全生产行政复议案件审理完毕，案件承办人应当将案件材料在10日内立卷、归档。

下一级安全生产行政复议机关应当在作出行政复议决定之日起15日内将行政复议决定书报上一级安全生产行政复议机构备案。

第四十二条 安全监管行政复议机关办理行政复议案件，使用国家安全生产监督管理总局统一制定的文书式样。

煤矿安全监察行政复议机关办理行政复议案件，使用国家煤矿安全监察局统一制定的文书式样。

第四十三条 本规定自2007年11月1日起施行。原国家经济贸易委员会2003年2月18日公布的《安全生产行政复议暂行办法》和原国家安全生产监督管理局（国家煤矿安全监察局）2003年6月20日公布的《煤矿安全监察行政复议规定》同时废止。

第六节　安全生产违法行为行政处罚办法

新修订的《安全生产违法行为行政处罚办法》已经2007年11月9日国家安全生产监督管理总局局长办公会议审议通过，自2008年1月1日起施行。原国家安全生产监督管理局（国家煤矿安全监察局）2003年5月19日公布的《安全生产违法行为行政处罚办法》、2001 年 4 月 27 日公布的《煤矿安全监察程序暂行规定》同时废止。

第一章　总　则

第一条　为了制裁安全生产违法行为，规范安全生产行政处罚工作，依照行政处罚法、安全生产法及其他有关法律、行政法规的规定，制定本办法。

第二条　县级以上人民政府安全生产监督管理部门对生产经营单位及其有关人员在生产经营活动中违反有关安全生产的法律、行政法规、部门规章、国家标准、行业标准和规程的违法行为（以下统称安全生产违法行为）实施行政处罚，适用本办法。

煤矿安全监察机构依照本办法和煤矿安全监察行政处罚办法，对煤矿、煤矿安全生产中介机构等生产经营单位及其有关人员的安全生产违法行为实施行政处罚。

有关法律、行政法规对安全生产违法行为行政处罚的种类、幅度或者决定机关另有规定的，依照其规定。

第三条　对安全生产违法行为实施行政处罚，应当遵循公平、公正、公开的原则。

安全生产监督管理部门或者煤矿安全监察机构（以下统称安全监管监察部门）及其行政执法人员实施行政处罚，必须以事实为依据。行政处罚应当与安全生产违法行为的事实、性质、情节以及社会危害程度相当。

第四条　生产经营单位及其有关人员对安全监管监察部门给予的行政处罚，依法享有陈述权、申辩权和听证权；对行政处罚不服的，有权依法申请行政复议或者提起行政诉讼；因违法给予行政处罚受到损害的，有权依法申请国家赔偿。

第二章　行政处罚的种类、管辖

第五条　安全生产违法行为行政处罚的种类：

（一）警告；

（二）罚款；

（三）责令改正、责令限期改正、责令停止违法行为；

（四）没收违法所得、没收非法开采的煤炭产品、采掘设备；

（五）责令停产停业整顿、责令停产停业、责令停止建设、责令停止施工；

（六）暂扣或者吊销有关许可证，暂停或者撤销有关执业资格、岗位证书；

（七）关闭；

（八）拘留；

（九）安全生产法律、行政法规规定的其他行政处罚。

法律、行政法规将前款的责令改正、责令限期改正、责令停止违法行为规定为现场处理措施的除外。

第六条　县级以上安全监管监察部门应当按照本章的规定，在各自的职责范围内对安全生产违法行为行政处罚行使管辖权。

安全生产违法行为的行政处罚，由安全生产违法行为发生地的县级以上安全监管监察部门管辖。中央企业及其所属企业、有关人员的安全生产违法行为的行政处罚，由安全生产违法行为发生地的设区的市级以上安全监管监察部门管辖。

暂扣、吊销有关许可证和暂停、撤销有关执业资格、岗位证书的行政处罚，由发证机关决定。其中，暂扣有关许可证和暂停有关执业资格、岗位证书的期限一般不得超过6个月；法律、行政法规另有规定的，依照其规定。

给予关闭的行政处罚，由县级以上安全监管监察部门报请县级以上人民政府按照国务院规定的权限决定。

给予拘留的行政处罚，由县级以上安全监管监察部门建议公安机关依照治安管理处罚法的规定决定。

第七条 两个以上安全监管监察部门因行政处罚管辖权发生争议的，由其共同的上一级安全监管监察部门指定管辖。

第八条 对报告或者举报的安全生产违法行为，安全监管监察部门应当受理；发现不属于自己管辖的，应当及时移送有管辖权的部门。

受移送的安全监管监察部门对管辖权有异议的，应当报请共同的上一级安全监管监察部门指定管辖。

第九条 安全生产违法行为构成犯罪的，安全监管监察部门应当将案件移送司法机关，依法追究刑事责任；尚不够刑事处罚但依法应当给予行政处罚的，由安全监管监察部门管辖。

第十条 上级安全监管监察部门可以直接查处下级安全监管监察部门管辖的案件，也可以将自己管辖的案件交由下级安全监管监察部门管辖。

下级安全监管监察部门可以将重大、疑难案件报请上级安全监管监察部门管辖。

第十一条 上级安全监管监察部门有权对下级安全监管监察部门违法或者不适当的行政处罚予以纠正或者撤销。

第十二条 安全监管监察部门根据需要，可以在其法定职权范围内委托符合行政处罚法**第十九条**规定条件的组织或者乡镇人民政府、城市街道办事处设立的安全生产监督管理机构实施行政处罚。受委托的单位在委托范围内，以委托的安全监管监察部门名义实施行政处罚。

委托的安全监管监察部门应当监督检查受委托的单位实施行政处罚，并对其实施行政处罚的后果承担法律责任。

第三章　行政处罚的程序

第十三条　安全生产行政执法人员在执行公务时，必须出示省级以上安全生产监督管理部门或者县级以上地方人民政府统一制作的有效行政执法证件。其中对煤矿进行安全监察，必须出示国家安全生产监督管理总局统一制作的煤矿安全监察员证。

第十四条　安全监管监察部门及其行政执法人员在监督检查时发现生产经营单位存在事故隐患的，应当按照下列规定采取现场处理措施：

（一）能够立即排除的，应当责令立即排除；

（二）重大事故隐患排除前或者排除过程中无法保证安全的，应当责令从危险区域撤出作业人员，并责令暂时停产停业、停止建设、停止施工或者停止使用，限期排除隐患。

隐患排除后，经安全监管监察部门审查同意，方可恢复生产经营和使用。

本条第一款第（二）项规定的责令暂时停产停业、停止建设、停止施工或者停止使用的期限一般不超过 6 个月；法律、行政法规另有规定的，依照其规定。

第十五条　对有根据认为不符合安全生产的国家标准或者行业标准的在用设施、设备、器材，安全监管监察部门应当依法予以查封或者扣押，并在 15 日内按照下列规定作出处理决定：

（一）能够修理、更换的，责令予以修理、更换；不能修理、更换的，不准使用；

（二）依法采取其他行政强制措施或者现场处理措施；

（三）依法给予行政处罚；

（四）经核查予以查封或者扣押的设备、设施、器材符合国家标准或者行业标准的，解除查封或者扣押。

实施查封、扣押，应当当场下达查封、扣押决定书和被查封、扣押的财物清单。在交通不便地区，或者不及时查封、扣押可能影响案件查处，或者存在事故隐患可能导致生产安全事故的，可以先行实施查封、扣押，并在48小时内补办查封、扣押决定书，送达当事人。

第十六条 生产经营单位被责令限期改正或者限期进行隐患排除治理的，应当在规定限期内完成。因不可抗力无法在规定限期内完成的，应当在进行整改或者治理的同时，于限期届满前10日内提出书面延期申请，安全监管监察部门应当在收到申请之日起5日内书面答复是否准予延期。

生产经营单位提出复查申请或者整改、治理限期届满的，安全监管监察部门应当自申请或者限期届满之日起10日内进行复查，填写复查意见书，由被复查单位和安全监管监察部门复查人员签名后存档。逾期未整改、未治理或者整改、治理不合格的，安全监管监察部门应当依法给予行政处罚。

第十七条 安全监管监察部门在作出行政处罚决定前，应当填写行政处罚告知书，告知当事人作出行政处罚决定的事实、理由、依据，以及当事人依法享有的权利，并送达当事人。当事人应当在收到行政处罚告知书之日起3日内进行陈述、申辩，或者依法提出听证要求，逾期视为放弃上述权利。

第十八条 安全监管监察部门应当充分听取当事人的陈述和申辩，对当事人提出的事实、理由和证据，应当进行复核；当事人提出的事实、理由和证据成立的，安全监管监察部门应当采纳。

安全监管监察部门不得因当事人陈述或者申辩而加重处罚。

第十九条 安全监管监察部门对安全生产违法行为实施行政处罚，应当符合法定程序，制作行政执法文书。

第一节 简易程序

第二十条 违法事实确凿并有法定依据，对个人处以50元以下罚款、对生产经营单位处以1千元以下罚款或者警告的行政处罚的，安全生产行政执法人员可以当场作出行政处罚决定。

第二十一条 安全生产行政执法人员当场作出行政处罚决定，应当填写预定格式、编有号码的行政处罚决定书并当场交付当事人。

安全生产行政执法人员当场作出行政处罚决定后应当及时报告，并在5日内报所属安全监管监察部门备案。

第二节 一般程序

第二十二条 除依照简易程序当场作出的行政处罚外，安全监管监察部门发现生产经营单位及其有关人员有应当给予行政处罚的行为的，应当予以立案，填写立案审批表，并全面、客观、公正地进行调查，收集有关证据。对确需立即查处的安全生产违法行为，可以先行调查取证，并在5日内补办立案手续。

第二十三条 对已经立案的案件，由立案审批人指定两名或者两名以上安全生产行政执法人员进行调查。

有下列情形之一的，承办案件的安全生产行政执法人员应当回避：

（一）本人是本案的当事人或者当事人的近亲属的；

（二）本人或者其近亲属与本案有利害关系的；

（三）与本人有其他利害关系，可能影响案件的公正处理的。

安全生产行政执法人员的回避，由派出其进行调查的安全监管监察部门的负责人决定。进行调查的安全监管监察部门负责人的回避，由该部门负责人集体讨论决定。回避决定作出之前，承办案件的安全生产行政执法人员不得擅自停止对案件的调查。

第二十四条 进行案件调查时，安全生产行政执法人员不得少于两名。当事人或者有关人员应当如实回答安全生产行政执法人员的询问，并协助调查或者检查，不得拒绝、阻挠或者提供虚假情况。

询问或者检查应当制作笔录。笔录应当记载时间、地点、询问和检查情况，并由被询问人、被检查单位和安全生产行政执法人员签名或者盖章；被询问人、被检查单位要求补正的，应当允许。被询问人或者被检查单位拒绝签名或者盖章的，安全生产行政执法人员应当在笔录上注明原因并签名。

第二十五条 安全生产行政执法人员应当收集、调取与案件有关的原始凭证作为证据。调取原始凭证确有困难的，可以复制，复制件应当注明“经核对与原件无异”的字样和原始凭证存放的单位及其处所，并由出具证据的人员签名或者单位盖章。

第二十六条 安全生产行政执法人员在收集证据时，可以采取抽样取证的方法；在证据可能灭失或者以后难以取得的情况下，经本单位负责人批准，可以先行登记保存，并应当在7日内作出处理决定：

（一）违法事实成立依法应当没收的，作出行政处罚决定，予以没收；依法应当扣留或者封存的，予以扣留或者封存；

（二）违法事实不成立，或者依法不应当予以没收、扣留、封存的，解除登记保存。

第二十七条 安全生产行政执法人员对与案件有关的物品、场所进行勘验检查时，应当通知当事人到场，制作勘验笔录，并由当事人核对无误后签名或者盖章。当事人拒绝到场的，可以邀请在场的其他人员作证，并在勘验笔录中注明；也可以采用录音、录像等方式记录有关物品、场所的情况后，再进行勘验检查。

第二十八条 案件调查终结后，负责承办案件的安全生产行政执法人员应当填写案件处理呈批表，连同有关证据材料一并报本部门负责人审批。

安全监管监察部门负责人应当及时对案件调查结果进行审查，根据不同情况，分别作出以下决定：

（一）确有应受行政处罚的违法行为的，根据情节轻重及具体情况，作出行政处罚决定；

（二）违法行为轻微，依法可以不予行政处罚的，不予行政处罚；

（三）违法事实不能成立，不得给予行政处罚；

（四）违法行为涉嫌犯罪的，移送司法机关处理。

对严重安全生产违法行为给予责令停产停业整顿、责令停产停业、责令停止建设、责令停止施工、吊销有关许可证、撤销有关执业资格或者岗位证书、3万元以上罚款、没收违法所得、没收非法开采的煤炭产品或者采掘设备价值3万元以上的行政处罚的，应当由安全监管监察部门的负责人集体讨论决定。

第二十九条 安全监管监察部门依照本办法**第二十八条**的规定给予行政处罚，应当制作行政处罚决定书。行政处罚决定书应当载明下列事项：

（一）当事人的姓名或者名称、地址或者住址；

（二）违法事实和证据；

（三）行政处罚的种类和依据；

（四）行政处罚的履行方式和期限；

（五）不服行政处罚决定，申请行政复议或者提起行政诉讼的途径和期限；

（六）作出行政处罚决定的安全监管监察部门的名称和作出决定的日期。

行政处罚决定书必须盖有作出行政处罚决定的安全监管监察部门的印章。

第三十条 行政处罚决定书应当在宣告后当场交付当事人；当事人不在场的，安全监管监察部门应当在7日内依照民事诉讼法的有关规定，将行政处罚决定书送达当事人或者其他的法定受送达人：

（一）送达必须有送达回执，由受送达人在送达回执上注明收到日期，签名或者盖章；

（二）送达应当直接送交受送达人。受送达人是个人的，本人不在交他的同住成年家属签收，并在行政处罚决定书送达回执的备注栏内注明与受送达人的关系；

（三）受送达人是法人或者其他组织的，应当由法人的法定代表人、其他组织的主要负责人或者该法人、组织负责收件的人签收；

（四）受送达人指定代收人的，交代收人签收并注明受当事人委托的情况；

（五）直接送达确有困难的，可以挂号邮寄送达，也可以委托当地安全监管监察部门代为送达，代为送达的安全监管监察部门收到文书后，必须立即交受送达人签收；

（六）当事人或者他的同住成年家属拒绝接收的，送达人应当邀请有关基层组织的代表或者有关人员到场，注明情况，在行政处罚决定书送达回执上注明拒收的事由和日期，由送达人、见证人签名或者盖章，将文书留在当事人的收发部门或者住所，即视为送达；

（七）受送达人下落不明，或者用以上方式无法送达的，可以公告送达，自公告发布之日起经过 60 日，即视为送达。公告送达，应当在案卷中注明原因和经过。

安全监管监察部门送达其他行政处罚执法文书，按照前款规定办理。

第三十一条 行政处罚案件应当自立案之日起 30 日内办理完毕；由于客观原因不能完成的，经安全监管监察部门负责人同意，可以延长，但不得超过 90 日；特殊情况需进一步延长的，应当经上一级安全监管监察部门批准，可延长至 180 日。

第三节 听证程序

第三十二条 安全监管监察部门作出责令停产停业整顿、责令停产停业、吊销有关许可证、撤销有关执业资格、岗位证书或者较大数额罚款的行政处罚决定之前，应当告知当事人有要求举行听证的权利；当事人要求听证的，安全监管监察部门应当组织听证，不得向当事人收取听证费用。

前款所称较大数额罚款，为省、自治区、直辖市人大常委会或者人民政府规定的数额；没有规定数额的，其数额对个人罚款为1万元以上，对生产经营单位罚款为3万元以上。

第三十三条 当事人要求听证的，应当在安全监管监察部门依照本办法第十七条规定告知后3日内以书面方式提出。

第三十四条 当事人提出听证要求后，安全监管监察部门应当在举行听证会的7日前，通知当事人举行听证的时间、地点。

当事人应当按期参加听证。当事人有正当理由要求延期的，经组织听证的安全监管监察部门负责人批准可以延期1次；当事人未按期参加听证，并且未事先说明理由的，视为放弃听证权利。

第三十五条 听证参加人由听证主持人、听证员、案件调查人员、当事人及其委托代理人、书记员组成。

听证主持人、听证员、书记员应当由组织听证的安全监管监察部门负责人指定的非本案调查人员担任。

当事人可以委托1至2名代理人参加听证，并提交委托书。

第三十六条 除涉及国家秘密、商业秘密或者个人隐私外，听证应当公开举行。

第三十七条 当事人在听证中的权利和义务：

（一）有权对案件涉及的事实、适用法律及有关情况进行陈述和申辩；

（二）有权对案件调查人员提出的证据质证并提出新的证据；

（三）如实回答主持人的提问；

（四）遵守听证会场纪律，服从听证主持人指挥。

第三十八条 听证按照下列程序进行：

（一）书记员宣布听证会场纪律、当事人的权利和义务。听证主持人宣布案由，核实听证参加人名单，宣布听证开始；

（二）案件调查人员提出当事人的违法事实、出示证据，说明拟作出的行政处罚的内容及法律依据；

（三）当事人或者其委托代理人对案件的事实、证据、适用的法律等进行陈述和申辩，提交新的证据材料；

（四）听证主持人就案件的有关问题向当事人、案件调查人员、证人询问；

（五）案件调查人员、当事人或者其委托代理人相互辩论；

（六）当事人或者其委托代理人作最后陈述；

（七）听证主持人宣布听证结束。

听证笔录应当当场交当事人核对无误后签名或者盖章。

第三十九条 有下列情形之一的，应当中止听证：

（一）需要重新调查取证的；

（二）需要通知新证人到场作证的；

（三）因不可抗力无法继续进行听证的。

第四十条 有下列情形之一的，应当终止听证：

（一）当事人撤回听证要求的；

（二）当事人无正当理由不按时参加听证的；

（三）拟作出的行政处罚决定已经变更，不适用听证程序的。

第四十一条 听证结束后，听证主持人应当依据听证情况，填写听证会报告书，提出处理意见并附听证笔录报安全监管监察部门负责人审查。安全监管监察部门依照本办法**第二十**

八条的规定作出决定。

第四章　行政处罚的适用

第四十二条　生产经营单位的决策机构、主要负责人、个人经营的投资人（包括实际控制人，下同）未依法保证下列安全生产所必需的资金投入，致使生产经营单位不具备安全生产条件的，责令限期改正，提供必需的资金，并可以对生产经营单位处1万元以上3万元以下罚款，对生产经营单位的主要负责人、个人经营的投资人处5千元以上1万元以下罚款；逾期未改正的，责令生产经营单位停产停业整顿：

（一）未按规定缴存和使用安全生产风险抵押金的；

（二）未按规定足额提取和使用安全生产费用的；

（三）国家规定的其他安全生产所必须的资金投入。

生产经营单位主要负责人、个人经营的投资人有前款违法行为，导致发生生产安全事故的，依照《生产安全事故报告和调查处理条例》的规定给予处罚。

第四十三条　生产经营单位的主要负责人未依法履行安全生产管理职责，导致生产安全事故发生的，依照《生产安全事故报告和调查处理条例》的规定给予处罚。

第四十四条　生产经营单位及其主要负责人或者其他人员有下列行为之一的，给予警告，并可以对生产经营单位处1万元以上3万元以下罚款，对其主要负责人、其他有关人员处1千元以上1万元以下的罚款：

（一）违反操作规程或者安全管理规定作业的；

（二）违章指挥从业人员或者强令从业人员违章、冒险作业的；

（三）发现从业人员违章作业不加制止的；

（四）超过核定的生产能力、强度或者定员进行生产的；

（五）对被查封或者扣押的设施、设备、器材，擅自启封或者使用的；

（六）故意提供虚假情况或者隐瞒存在的事故隐患以及其他安全问题的；

（七）对事故预兆或者已发现的事故隐患不及时采取措施的；

（八）拒绝、阻碍安全生产行政执法人员监督检查的；

（九）拒绝、阻碍安全监管监察部门聘请的专家进行现场检查的；

（十）拒不执行安全监管监察部门及其行政执法人员的安全监管监察指令的。

第四十五条 危险物品的生产、经营、储存单位以及矿山企业、建筑施工单位有下列行为之一的，责令改正，并可以处1万元以上3万元以下的罚款：

（一）未建立应急救援组织或者未按规定签订救护协议的；

（二）未配备必要的应急救援器材、设备，并进行经常性维护、保养，保证正常运转的。

第四十六条 生产经营单位与从业人员订立协议，免除或者减轻其对从业人员因生产安全事故伤亡依法应承担的责任的，该协议无效；对生产经营单位的主要负责人、个人经营的投资人按照下列规定处以罚款：

（一）在协议中减轻因生产安全事故伤亡对从业人员依法应承担的责任的，处2万元以上5万元以下的罚款；

（二）在协议中免除因生产安全事故伤亡对从业人员依法应承担的责任的，处5万元以上10万元以下的罚款。

第四十七条 生产经营单位不具备法律、行政法规和国家标准、行业标准规定的安全生产条件，经责令停产停业整顿仍不具备安全生产条件的，安全监管监察部门应当提请有管辖权的人民政府予以关闭；人民政府决定关闭的，安全监管监察部门应当依法吊销其有关许可证。

第四十八条 生产经营单位转让安全生产许可证的，没收违法所得，吊销安全生产许可证，并按照下列规定处以罚款：

（一）接受转让的单位和个人未发生生产安全事故的，处10万元以上30万元以下的罚款；

（二）接受转让的单位和个人发生生产安全事故但没有造成人员死亡的，处30万元以上40万元以下的罚款；

（三）接受转让的单位和个人发生人员死亡生产安全事故的，处40万元以上50万元以下的罚款。

第四十九条 知道或者应当知道生产经营单位未取得安全生产许可证或者其他批准文件擅自从事生产经营活动，仍为其提供生产经营场所、运输、保管、仓储等条件的，责令立即停止违法行为，有违法所得的，没收违法所得，并处违法所得1倍以上3倍以下的罚款，但是最高不得超过3万元；没有违法所得的，并处5千元以上1万元以下的罚款。

第五十条 生产经营单位及其有关人员弄虚作假，骗取或者勾结、串通行政审批工作人员取得安全生产许可证书及其他批准文件的，撤销许可及批准文件，并按照下列规定处以罚款：

（一）生产经营单位有违法所得的，没收违法所得，并处违法所得1倍以上3倍以下的罚款，但是最高不得超过3万元；没有违法所得的，并处5千元以上1万元以下的罚款；

（二）对有关人员处1千元以上1万元以下的罚款。

有前款规定违法行为的生产经营单位及其有关人员在 3 年内不得再次申请该行政许可。

生产经营单位及其有关人员未依法办理安全生产许可证书变更手续的，责令限期改正，并对生产经营单位处 1 万元以上 3 万元以下的罚款，对有关人员处 1 千元以上 5 千元以下的罚款。

第五十一条 未取得相应资格、资质证书的机构及其有关人员从事安全评价、认证、检测、检验工作，责令停止违法行为，并按照下列规定处以罚款：

（一）机构有违法所得的，没收违法所得，并处违法所得 1 倍以上 3 倍以下的罚款，但是最高不得超过 3 万元；没有违法所得的，并处 5 千元以上 1 万元以下的罚款；

（二）有关人员处 5 千元以上 1 万元以下的罚款。

第五十二条 生产经营单位及其有关人员触犯不同的法律规定，有两个以上应当给予行政处罚的安全生产违法行为的，安全监管监察部门应当适用不同的法律规定，分别裁量，合并处罚。

第五十三条 对同一生产经营单位及其有关人员的同一安全生产违法行为，不得给予两次以上罚款的行政处罚。

第五十四条 生产经营单位及其有关人员有下列情形之一的，应当从重处罚：

（一）危及公共安全或者其他生产经营单位安全的，经责令限期改正，逾期未改正的；

（二）一年内因同一违法行为受到两次以上行政处罚的；

（三）拒不整改或者整改不力，其违法行为呈持续状态的；

（四）拒绝、阻碍或者以暴力威胁行政执法人员的。

第五十五条 生产经营单位及其有关人员有下列情形之一

的，应当从轻或者减轻行政处罚：

（一）主动消除或者减轻安全生产违法行为危害后果的；

（二）受他人胁迫实施安全生产违法行为的；

（三）配合安全监管监察部门查处安全生产违法行为有立功表现的；

（四）其他依法应予从轻或者减轻行政处罚的。

安全生产违法行为轻微并及时纠正，没有造成危害后果的，不予行政处罚。

第五章　行政处罚的执行和备案

第五十六条　安全监管监察部门实施行政处罚时，应当同时责令生产经营单位及其有关人员停止、改正或者限期改正违法行为。

第五十七条　本办法所称的违法所得，按照下列规定计算：

（一）生产、加工产品的，以生产、加工产品的销售收入作为违法所得；

（二）销售商品的，以销售收入作为违法所得；

（三）提供安全生产中介、租赁等服务的，以服务收入或者报酬作为违法所得；

（四）销售收入无法计算的，按当地同类同等规模的生产经营单位的平均销售收入计算；

（五）服务收入、报酬无法计算的，按照当地同行业同种服务的平均收入或者报酬计算。

第五十八条　行政处罚决定依法作出后，当事人应当在行政处罚决定的期限内，予以履行；当事人逾期不履的，作出行政处罚决定的安全监管监察部门可以采取下列措施：

（一）到期不缴纳罚款的，每日按罚款数额的3%加处罚款；

（二）根据法律规定，将查封、扣押的设施、设备、器材拍卖所得价款抵缴罚款；

（三）申请人民法院强制执行。

当事人对行政处罚决定不服申请行政复议或者提起行政诉讼的，行政处罚不停止执行，法律另有规定的除外。

第五十九条 安全生产行政执法人员当场收缴罚款的，应当出具省、自治区、直辖市财政部门统一制发的罚款收据；当场收缴的罚款，应当自收缴罚款之日起2日内，交至所属安全监管监察部门；安全监管监察部门应当在2日内将罚款缴付指定的银行。

第六十条 除依法应当予以销毁的物品外，需要将查封、扣押的设施、设备、器材拍卖抵缴罚款的，依照法律或者国家有关规定处理。销毁物品，依照国家有关规定处理；没有规定的，经县级以上安全监管监察部门负责人批准，由两名以上安全生产行政执法人员监督销毁，并制作销毁记录。处理物品，应当制作清单。

第六十一条 罚款、没收违法所得的款项和没收非法开采的煤炭产品、采掘设备，必须按照有关规定上缴，任何单位和个人不得截留、私分或者变相私分。

第六十二条 县级安全生产监督管理部门处以2万元以上罚款、没收违法所得、没收非法生产的煤炭产品或者采掘设备价值2万元以上、责令停产停业、停止建设、停止施工、停产停业整顿、撤销有关资格、岗位证书或者吊销有关许可证的行政处罚的，应当自作出行政处罚决定之日起10日内报设区的市级安全生产监督管理部门备案。

第六十三条 设区的市级安全生产监督管理部门、煤矿安全监察分局处以5万元以上罚款、没收违法所得、没收非法生产的煤炭产品或者采掘设备价值5万元以上、责令停产停业、停止建设、停止施工、停产停业整顿、撤销有关资格、岗位证书或者吊销有关许可证的行政处罚的，应当自作出行政处罚决定之日起10日内报省级安全监管监察部门备案。

第六十四条 省级安全监管监察部门处以10万元以上罚款、没收违法所得、没收非法生产的煤炭产品或者采掘设备价值10万元以上、责令停产停业、停止建设、停止施工、停产停业整顿、撤销有关资格、岗位证书或者吊销有关许可证的行政处罚的，应当自作出行政处罚决定之日起10日内报国家安全生产监督管理总局或者国家煤矿安全监察局备案。

对上级安全监管监察部门交办案件给予行政处罚的，由决定行政处罚的安全监管监察部门自作出行政处罚决定之日起10日内报上级安全监管监察部门备案。

第六十五条 行政处罚执行完毕后，案件材料应当按照有关规定立卷归档。

案卷立案归档后，任何单位和个人不得擅自增加、抽取、涂改和销毁案卷材料。未经安全监管监察部门负责人批准，任何单位和个人不得借阅案卷。

第六章 附 则

第六十六条 安全生产监督管理部门所用的行政处罚文书式样，由国家安全生产监督管理总局统一制定。

煤矿安全监察机构所用的行政处罚文书式样，由国家煤矿安全监察局统一制定。

第六十七条 本办法所称的生产经营单位，是指合法和非法从事生产或者经营活动的基本单元，包括企业法人、不具备企业法人资格的合伙组织、个体工商户和自然人等生产经营主体。

本办法所称的“以上”包括本数，所称的“以下”不包括本数。

第六十八条 本办法自2008年1月1日起施行。原国家安全生产监督管理局（国家煤矿安全监察局）2003年5月19日公布的《安全生产违法行为行政处罚办法》、2001年4月27日公布的《煤矿安全监察程序暂行规定》同时废止。

第七节 非煤矿矿山企业安全生产许可证实施办法

新修订的《非煤矿矿山企业安全生产许可证实施办法》已经2009年4月30日国家安全生产监督管理总局局长办公会议审议通过，自2009年6月8日起施行。原国家安全生产监督管理局（国家煤矿安全监察局）2004年5月17日公布的《非煤矿矿山企业安全生产许可证实施办法》同时废止。

第一章 总 则

第一条 为了严格规范非煤矿矿山企业安全生产条件，做好非煤矿矿山企业安全生产许可证的颁发管理工作，根据《安全生产许可证条例》等法律、行政法规，制定本实施办法。

第二条 非煤矿矿山企业必须依照本实施办法的规定取得

安全生产许可证。

未取得安全生产许可证的，不得从事生产活动。

第三条 非煤矿矿山企业安全生产许可证的颁发管理工作实行企业申请、两级发证、属地监管的原则。

第四条 国家安全生产监督管理总局指导、监督全国非煤矿矿山企业安全生产许可证的颁发管理工作，负责中央管理的非煤矿矿山企业总部（包括集团公司、总公司和上市公司，下同）及其下属的跨省（自治区、直辖市）运营的石油天然气管道储运分（子）公司和海洋石油天然气企业安全生产许可证的颁发和管理。

省、自治区、直辖市人民政府安全生产监督管理部门（以下简称省级安全生产许可证颁发管理机关）负责本行政区域内除本条第一款规定以外的非煤矿矿山企业安全生产许可证的颁发和管理。

省级安全生产许可证颁发管理机关可以委托设区的市级安全生产监督管理部门实施非煤矿矿山企业安全生产许可证的颁发管理工作；但中央管理企业所属非煤矿矿山的安全生产许可证颁发管理工作不得委托实施。

第五条 本实施办法所称的非煤矿矿山企业包括金属非金属矿山企业及其尾矿库、地质勘探单位、采掘施工企业、石油天然气企业。

金属非金属矿山企业，是指从事金属和非金属矿产资源开采活动的下列单位：

1. 专门从事矿产资源开采的生产单位；

2. 从事矿产资源开采、加工的联合生产企业及其矿山生产单位；

3. 其他非矿山企业中从事矿山生产的单位。

尾矿库，是指筑坝拦截谷口或者围地构成的，用以贮存金属非金属矿石选别后排出尾矿的场所，包括氧化铝厂赤泥库，不包括核工业矿山尾矿库及电厂灰渣库。

地质勘探单位，是指采用钻探工程、坑探工程对金属非金属矿产资源进行勘探作业的单位。

采掘施工企业，是指承担金属非金属矿山采掘工程施工的单位。

石油天然气企业，是指从事石油和天然气勘探、开发生产、储运的单位。

第二章　安全生产条件和申请

第六条　非煤矿矿山企业取得安全生产许可证，应当具备下列安全生产条件：

（一）建立健全主要负责人、分管负责人、安全生产管理人员、职能部门、岗位安全生产责任制；制定安全检查制度、职业危害预防制度、安全教育培训制度、生产安全事故管理制度、重大危险源监控和重大隐患整改制度、设备安全管理制度、安全生产档案管理制度、安全生产奖惩制度等规章制度；制定作业安全规程和各工种操作规程；

（二）安全投入符合安全生产要求，依照国家有关规定足额提取安全生产费用、缴纳并专户存储安全生产风险抵押金；

（三）设置安全生产管理机构，或者配备专职安全生产管理人员；

（四）主要负责人和安全生产管理人员经安全生产监督管理部门考核合格，取得安全资格证书；

（五）特种作业人员经有关业务主管部门考核合格，取得特种作业操作资格证书；

（六）其他从业人员依照规定接受安全生产教育和培训，并经考试合格；

（七）依法参加工伤保险，为从业人员缴纳保险费；

（八）制定防治职业危害的具体措施，并为从业人员配备符合国家标准或者行业标准的劳动防护用品；

（九）新建、改建、扩建工程项目依法进行安全评价，其安全设施经安全生产监督管理部门验收合格；

（十）危险性较大的设备、设施按照国家有关规定进行定期检测检验；

（十一）制定事故应急救援预案，建立事故应急救援组织，配备必要的应急救援器材、设备；生产规模较小可以不建立事故应急救援组织的，应当指定兼职的应急救援人员，并与邻近的矿山救护队或者其他应急救援组织签订救护协议；

（十二）符合有关国家标准、行业标准规定的其他条件。

第七条 中央管理的非煤矿矿山企业总部及其下属的跨省（自治区、直辖市）运营的石油天然气管道储运分（子）公司和海洋石油天然气企业申请领取安全生产许可证，向国家安全生产监督管理总局提出申请。

本条第一款规定以外的其他非煤矿矿山企业申请领取安全生产许可证，向企业所在地省级安全生产许可证颁发管理机关或其委托的设区的市级安全生产监督管理部门提出申请。

第八条 非煤矿矿山企业申请领取安全生产许可证，应当提交下列文件、资料：

（一）安全生产许可证申请书；

（二）工商营业执照复印件；

（三）采矿许可证复印件；

（四）各种安全生产责任制复印件；

（五）安全生产规章制度和操作规程目录清单；

（六）设置安全生产管理机构或者配备专职安全生产管理人员的文件复印件；

（七）主要负责人和安全生产管理人员安全资格证书复印件；

（八）特种作业人员操作资格证书复印件；

（九）足额提取安全生产费用、缴纳并存储安全生产风险抵押金的证明材料；

（十）为从业人员缴纳工伤保险费的证明材料；因特殊情况不能办理工伤保险的，可以出具办理安全生产责任保险或者雇主责任保险的证明材料；

（十一）危险性较大的设备、设施由具备相应资质的检测检验机构出具合格的检测检验报告；

（十二）事故应急救援预案，设立事故应急救援组织的文件或者与矿山救护队、其他应急救援组织签订的救护协议；

（十三）矿山建设项目安全设施经安全生产监督管理部门验收合格的证明材料。

第九条 非煤矿矿山企业总部申请领取安全生产许可证，不需要提交本实施办法**第八条**第（三）、（八）、（九）、（十）、（十一）、（十二）、（十三）项规定的文件、资料。

第十条 金属非金属矿山企业从事爆破作业的，除应当依照本实施办法**第八条**的规定提交相应文件、资料外，还应当提交《爆破作业单位许可证》。

第十一条 尾矿库申请领取安全生产许可证，不需要提交本实施办法**第八条**第（三）项规定的文件、资料。

第十二条 地质勘探单位申请领取安全生产许可证，不需要提交本实施办法**第八条**第（三）、（九）、（十三）项规定的文件、资料，但应当提交地质勘查资质证书复印件；从事爆破作业的，还应当提交《爆破作业单位许可证》。

第十三条 采掘施工企业申请领取安全生产许可证，不需要提交本实施办法**第八条**第（三）、（九）、（十三）项规定的文件、资料，但应当提交矿山工程施工相关资质证书复印件；从事爆破作业的，还应当提交《爆破作业单位许可证》。

第十四条 石油天然气勘探单位申请领取安全生产许可证，不需要提交本实施办法**第八条**第（三）、（十三）项规定的文件、资料；石油天然气管道储运单位申请领取安全生产许可证不需要提交本实施办法**第八条**第（三）项规定的文件、资料。

第十五条 非煤矿矿山企业应当对其向安全生产许可证颁发管理机关提交的文件、资料实质内容的真实性负责。

从事安全评价、检测检验的中介机构应当对其出具的安全评价报告、检测检验结果负责。

第三章 受理、审核和颁发

第十六条 安全生产许可证颁发管理机关对非煤矿矿山企业提交的申请书及文件、资料，应当依照下列规定分别处理：

（一）申请事项不属于本机关职权范围的，应当即时作出不予受理的决定，并告知申请人向有关机关申请；

（二）申请材料存在可以当场更正的错误的，应当允许或者要求申请人当场更正，并即时出具受理的书面凭证；

（三）申请材料不齐全或者不符合要求的，应当当场或者在5个工作日内一次性书面告知申请人需要补正的全部内容，逾期不告知的，自收到申请材料之日起即为受理；

（四）申请材料齐全、符合要求或者依照要求全部补正的，自收到申请材料或者全部补正材料之日起为受理。

第十七条 安全生产许可证颁发管理机关应当依照本实施办法规定的法定条件组织，对非煤矿矿山企业提交的申请材料进行审查，并在受理申请之日起45日内作出颁发或者不予颁发安全生产许可证的决定。安全生产许可证颁发管理机关认为有必要到现场对非煤矿矿山企业提交的申请材料进行复核的，应当到现场进行复核。复核时间不计算在本款规定的期限内。

对决定颁发的，安全生产许可证颁发管理机关应当自决定之日起10个工作日内送达或者通知申请人领取安全生产许可证；对决定不予颁发的，应当在10个工作日内书面通知申请人并说明理由。

第十八条 安全生产许可证颁发管理机关应当依照下列规定颁发非煤矿矿山企业安全生产许可证：

（一）对中央管理的金属非金属矿山企业总部，向企业总部颁发安全生产许可证；

（二）对金属非金属矿山企业，向企业及其所属各独立生产系统分别颁发安全生产许可证；对于只有一个独立生产系统的企业，只向企业颁发安全生产许可证；

（三）对中央管理的陆上石油天然气企业，向企业总部及其直接管理的分公司、子公司以及下一级与油气勘探、开发生产、储运直接相关的生产作业单位分别颁发安全生产许可证；对设有分公司、子公司的地方石油天然气企业，向企业总部及其分公司、子公司颁发安全生产许可证；对其他陆上石油天然气企业，向具有法人资格的企业颁发安全生产许可证；

（四）对海洋石油天然气企业，向企业及其直接管理的分公司、子公司以及下一级与油气开发生产直接相关的生产作业单位、独立生产系统分别颁发安全生产许可证；对其他海洋石油天然气企业，向具有法人资格的企业颁发安全生产许可证；

（五）对地质勘探单位，向最下级具有企事业法人资格的单位颁发安全生产许可证。对采掘施工企业，向企业颁发安全生产许可证；

（六）对尾矿库单独颁发安全生产许可证。

第四章　安全生产许可证延期和变更

第十九条　安全生产许可证的有效期为3年。安全生产许可证有效期满后需要延期的，非煤矿矿山企业应当在安全生产许可证有效期届满前3个月向原安全生产许可证颁发管理机关申请办理延期手续，并提交下列文件、资料：

（一）延期申请书；

（二）安全生产许可证正本和副本；

（三）本实施办法第二章规定的相应文件、资料。

金属非金属矿山独立生产系统和尾矿库，以及石油天然气独立生产系统和作业单位还应当提交由具备相应资质的中介服务机构出具的合格的安全现状评价报告。

金属非金属矿山独立生产系统和尾矿库在提出延期申请之前6个月内经考评合格达到安全标准化等级的，可以不提交安全现状评价报告，但需要提交安全标准化等级的证明材料。

安全生产许可证颁发管理机关应当依照本实施办法**第十六条、第十七条**的规定，对非煤矿矿山企业提交的材料进行审查，并作出是否准予延期的决定。决定准予延期的，应当收回原安全生产许可证，换发新的安全生产许可证；决定不准予延期的，应当书面告知申请人并说明理由。

第二十条 非煤矿矿山企业符合下列条件的，当安全生产许可证有效期届满申请延期时，经原安全生产许可证颁发管理机关同意，不再审查，直接办理延期手续：

（一）严格遵守有关安全生产的法律法规的；

（二）取得安全生产许可证后，加强日常安全生产管理，未降低安全生产条件，并达到安全标准化等级二级以上的；

（三）接受安全生产许可证颁发管理机关及所在地人民政府安全生产监督管理部门的监督检查的；

（四）未发生死亡事故的。

第二十一条 非煤矿矿山企业在安全生产许可证有效期内有下列情形之一的，应当自工商营业执照变更之日起30个工作日内向原安全生产许可证颁发管理机关申请变更安全生产许可证：

（一）变更单位名称的；

（二）变更主要负责人的；

（三）变更单位地址的；

（四）变更经济类型的；

（五）变更许可范围的。

第二十二条 非煤矿矿山企业申请变更安全生产许可证时，应当提交下列文件、资料：

（一）变更申请书；

（二）安全生产许可证正本和副本；

（三）变更后的工商营业执照、采矿许可证复印件及变更说明材料。

变更本实施办法**第二十一条**第（二）项的，还应当提交变更后的主要负责人的安全资格证书复印件。

对已经受理的变更申请，安全生产许可证颁发管理机关对申请人提交的文件、资料审查无误后，应当在10个工作日内办理变更手续。

第二十三条 安全生产许可证申请书、审查书、延期申请书和变更申请书由国家安全生产监督管理总局统一格式。

第二十四条 非煤矿矿山企业安全生产许可证分为正本和副本，正本和副本具有同等法律效力，正本为悬挂式，副本为折页式。

非煤矿矿山企业安全生产许可证由国家安全生产监督管理总局统一印制和编号。

第五章 安全生产许可证的监督管理

第二十五条 非煤矿矿山企业取得安全生产许可证后，应当加强日常安全生产管理，不得降低安全生产条件，并接受所在地县级以上安全生产监督管理部门的监督检查。

第二十六条 地质勘探单位、采掘施工单位在登记注册的省、自治区、直辖市以外从事作业的，应当向作业所在地县级以上安全生产监督管理部门备案。具体登记备案办法由省、自治区、直辖市人民政府安全生产监督管理部门制定。

跨省（自治区、直辖市）运营的石油天然气管道管理的单位，在其所在地安全生产许可证颁发管理机关申请领取安全生产许可证后，还应当到其所管辖管道途经的其他省（自治区、直辖市）安全生产监督管理部门登记备案。

第二十七条 非煤矿矿山企业不得转让、冒用、买卖、出租、出借或者使用伪造的安全生产许可证。

第二十八条 非煤矿矿山企业发现在安全生产许可证有效

期内采矿许可证到期失效的，应当在采矿许可证到期前15日内向原安全生产许可证颁发管理机关报告，并交回安全生产许可证正本和副本。

采矿许可证被暂扣、撤销、吊销和注销的，非煤矿矿山企业应当在暂扣、撤销、吊销和注销后5日内向原安全生产许可证颁发管理机关报告，并交回安全生产许可证正本和副本。

第二十九条　安全生产许可证颁发管理机关应当坚持公开、公平、公正的原则，严格依照本实施办法的规定审查、颁发安全生产许可证。

安全生产许可证颁发管理机关工作人员在安全生产许可证颁发、管理和监督检查工作中，不得索取或者接受非煤矿矿山企业的财物，不得谋取其他利益。

第三十条　安全生产许可证颁发管理机关发现有下列情形之一的，应当撤销已经颁发的安全生产许可证：

（一）超越职权颁发安全生产许可证的；

（二）违反本实施办法规定的程序颁发安全生产许可证的；

（三）不具备本实施办法规定的安全生产条件颁发安全生产许可证的；

（四）以欺骗、贿赂等不正当手段取得安全生产许可证的。

第三十一条　取得安全生产许可证的非煤矿矿山企业有下列情形之一的，安全生产许可证颁发管理机关应当注销其安全生产许可证：

（一）终止生产活动的；

（二）安全生产许可证被依法撤销的；

（三）安全生产许可证被依法吊销的。

第三十二条　非煤矿矿山企业隐瞒有关情况或者提供虚假材料申请安全生产许可证的，安全生产许可证颁发管理机关不予受理，该企业在1年内不得再次申请安全生产许可证。

非煤矿矿山企业以欺骗、贿赂等不正当手段取得安全生产许可证后被依法予以撤销的，该企业3年内不得再次申请安全生产许可证。

第三十三条 县级以上地方人民政府安全生产监督管理部门负责本行政区域内取得安全生产许可证的非煤矿矿山企业的日常监督检查，并将监督检查中发现的问题及时报告安全生产许可证颁发管理机关。中央管理的非煤矿矿山企业由设区的市级以上地方人民政府安全生产监督管理部门负责日常监督检查。

国家安全生产监督管理总局负责取得安全生产许可证的中央管理的非煤矿矿山企业总部和海洋石油天然气企业的日常监督检查。

第三十四条 安全生产许可证颁发管理机关每6个月向社会公布取得安全生产许可证的非煤矿矿山企业名单。

第三十五条 安全生产许可证颁发管理机关应当将非煤矿矿山企业安全生产许可证颁发管理情况通报非煤矿矿山企业所在地县级以上地方人民政府及其安全生产监督管理部门。

第三十六条 安全生产许可证颁发管理机关应当加强对非煤矿矿山企业安全生产许可证的监督管理，建立、健全非煤矿矿山企业安全生产许可证信息管理制度。

省级安全生产许可证颁发管理机关应当在安全生产许可证颁发之日起1个月内将颁发和管理情况录入到全国统一的非煤矿矿山企业安全生产许可证管理系统。

第三十七条 任何单位或者个人对违反《安全生产许可证条例》和本实施办法规定的行为，有权向安全生产许可证颁发管理机关或者监察机关等有关部门举报。

第六章　罚　则

第三十八条　安全生产许可证颁发管理机关工作人员有下列行为之一的，给予降级或者撤职的行政处分；构成犯罪的，依法追究刑事责任：

（一）向不符合本实施办法规定的安全生产条件的非煤矿矿山企业颁发安全生产许可证的；

（二）发现非煤矿矿山企业未依法取得安全生产许可证擅自从事生产活动，不依法处理的；

（三）发现取得安全生产许可证的非煤矿矿山企业不再具备本实施办法规定的安全生产条件，不依法处理的；

（四）接到对违反本实施办法规定行为的举报后，不及时处理的；

（五）在安全生产许可证颁发、管理和监督检查工作中，索取或者接受非煤矿矿山企业的财物，或者谋取其他利益的。

第三十九条　承担安全评价、认证、检测、检验工作的机构，出具虚假证明，尚不够刑事处罚的，没收违法所得，违法所得在5000元以上的，并处违法所得2倍以上5倍以下的罚款；没有违法所得或者违法所得不足5000元的，单处或者并处5000元以上2万元以下的罚款，对其直接负责的主管人员和其他直接责任人员处5000元以上5万元以下的罚款；给他人造成损害的，与非煤矿矿山企业承担连带赔偿责任。

对有前款违法行为的机构，撤销其相应资格。

第四十条　取得安全生产许可证的非煤矿矿山企业不再具备本实施办法第六条规定的安全生产条件之一的，应当暂扣或者吊销其安全生产许可证。

第四十一条 取得安全生产许可证的非煤矿矿山企业有下列行为之一的，吊销其安全生产许可证：

（一）倒卖、出租、出借或者以其他形式非法转让安全生产许可证的；

（二）暂扣安全生产许可证后未按期整改或者整改后仍不具备安全生产条件的。

第四十二条 非煤矿矿山企业有下列行为之一的，责令停止生产，没收违法所得，并处 10 万元以上 50 万元以下的罚款：

（一）未取得安全生产许可证，擅自进行生产的；

（二）接受转让的安全生产许可证的；

（三）冒用安全生产许可证的；

（四）使用伪造的安全生产许可证的。

第四十三条 非煤矿矿山企业在安全生产许可证有效期内出现采矿许可证有效期届满和采矿许可证被暂扣、撤销、吊销、注销的情况，未依照本实施办法**第二十八条**的规定向安全生产许可证颁发管理机关报告并交回安全生产许可证的，处 1 万元以上 3 万元以下罚款。

第四十四条 非煤矿矿山企业在安全生产许可证有效期内，出现需要变更安全生产许可证的情形，未按本实施办法**第二十一条**的规定申请、办理变更手续的，责令限期办理变更手续，并处 1 万元以上 3 万元以下罚款。

地质勘探单位、采掘施工单位在登记注册地以外进行跨省作业，以及跨省（自治区、直辖市）运营的石油天然气管道管理的单位，未按照本实施办法**第二十六条**的规定登记备案的，责令限期办理登记备案手续，并处 1 万元以上 3 万元以下的罚款。

第四十五条 非煤矿矿山企业在安全生产许可证有效期满未办理延期手续，继续进行生产的，责令停止生产，限期补办延期手续，没收违法所得，并处5万元以上10万元以下的罚款；逾期仍不办理延期手续，继续进行生产的，依照本实施办法**第四十二条**的规定处罚。

第四十六条 非煤矿矿山企业转让安全生产许可证的，没收违法所得，并处10万元以上50万元以下的罚款。

第四十七条 本实施办法规定的行政处罚，由安全生产许可证颁发管理机关决定。安全生产许可证颁发管理机关可以委托县级以上安全生产监督管理部门实施行政处罚。但撤销、吊销安全生产许可证和撤销有关资格的行政处罚除外。

第七章 附 则

第四十八条 本实施办法所称非煤矿矿山企业独立生产系统，是指具有相对独立的采掘生产系统及通风、运输（提升）、供配电、防排水等辅助系统的作业单位。

第四十九条 危险性较小的地热、温泉、矿泉水、卤水、砖瓦用粘土等资源开采活动的安全生产许可，由省级安全生产许可证颁发管理机关决定。

第五十条 同时开采煤炭与金属非金属矿产资源且以煤炭、煤层气为主采矿种的煤系矿山企业应当申请领取煤矿企业安全生产许可证，不再申请领取非煤矿矿山企业安全生产许可证。

第五十一条 本实施办法自公布之日起施行。2004年5月17日原国家安全生产监督管理局（国家煤矿安全监察局）公布的《非煤矿山企业安全生产许可证实施办法》同时废止。

第八节　安全生产事故隐患排查治理暂行规定

《安全生产事故隐患排查治理暂行规定》已经 2007 年 12 月 22 日国家安全生产监督管理总局局长办公会议审议通过，自 2008 年 2 月 1 日起施行。

第一章　总　则

第一条　为了建立安全生产事故隐患排查治理长效机制，强化安全生产主体责任，加强事故隐患监督管理，防止和减少事故，保障人民群众生命财产安全，根据安全生产法等法律、行政法规，制定本规定。

第二条　生产经营单位安全生产事故隐患排查治理和安全生产监督管理部门、煤矿安全监察机构（以下统称安全监管监察部门）实施监管监察，适用本规定。

有关法律、行政法规对安全生产事故隐患排查治理另有规定的，依照其规定。

第三条　本规定所称安全生产事故隐患（以下简称事故隐患），是指生产经营单位违反安全生产法律、法规、规章、标准、规程和安全生产管理制度的规定，或者因其他因素在生产经营活动中存在可能导致事故发生的物的危险状态、人的不安全行为和管理上的缺陷。

事故隐患分为一般事故隐患和重大事故隐患。一般事故隐患，是指危害和整改难度较小，发现后能够立即整改排除的隐患。重大事故隐患，是指危害和整改难度较大，应当全部或者局部停产停业，并经过一定时间整改治理方能排除的隐患，或者因外部因素影响致使生产经营单位自身难以排除的隐患。

第四条 生产经营单位应当建立健全事故隐患排查治理制度。

生产经营单位主要负责人对本单位事故隐患排查治理工作全面负责。

第五条 各级安全监管监察部门按照职责对所辖区域内生产经营单位排查治理事故隐患工作依法实施综合监督管理；各级人民政府有关部门在各自职责范围内对生产经营单位排查治理事故隐患工作依法实施监督管理。

第六条 任何单位和个人发现事故隐患，均有权向安全监管监察部门和有关部门报告。

安全监管监察部门接到事故隐患报告后，应当按照职责分工立即组织核实并予以查处；发现所报告事故隐患应当由其他有关部门处理的，应当立即移送有关部门并记录备查。

第二章　生产经营单位的职责

第七条 生产经营单位应当依照法律、法规、规章、标准和规程的要求从事生产经营活动。严禁非法从事生产经营活动。

第八条 生产经营单位是事故隐患排查、治理和防控的责任主体。

生产经营单位应当建立健全事故隐患排查治理和建档监控等制度，逐级建立并落实从主要负责人到每个从业人员的隐患排查治理和监控责任制。

第九条 生产经营单位应当保证事故隐患排查治理所需的

资金，建立资金使用专项制度。

第十条 生产经营单位应当定期组织安全生产管理人员、工程技术人员和其他相关人员排查本单位的事故隐患。对排查出的事故隐患，应当按照事故隐患的等级进行登记，建立事故隐患信息档案，并按照职责分工实施监控治理。

第十一条 生产经营单位应当建立事故隐患报告和举报奖励制度，鼓励、发动职工发现和排除事故隐患，鼓励社会公众举报。对发现、排除和举报事故隐患的有功人员，应当给予物质奖励和表彰。

第十二条 生产经营单位将生产经营项目、场所、设备发包、出租的，应当与承包、承租单位签订安全生产管理协议，并在协议中明确各方对事故隐患排查、治理和防控的管理职责。生产经营单位对承包、承租单位的事故隐患排查治理负有统一协调和监督管理的职责。

第十三条 安全监管监察部门和有关部门的监督检查人员依法履行事故隐患监督检查职责时，生产经营单位应当积极配合，不得拒绝和阻挠。

第十四条 生产经营单位应当每季、每年对本单位事故隐患排查治理情况进行统计分析，并分别于下一季度15日前和下一年1月31日前向安全监管监察部门和有关部门报送书面统计分析表。统计分析表应当由生产经营单位主要负责人签字。

对于重大事故隐患，生产经营单位除依照前款规定报送外，应当及时向安全监管监察部门和有关部门报告。重大事故隐患报告内容应当包括：

（一）隐患的现状及其产生原因；

（二）隐患的危害程度和整改难易程度分析；

（三）隐患的治理方案。

第十五条 对于一般事故隐患，由生产经营单位（车间、分厂、区队等）负责人或者有关人员立即组织整改。

对于重大事故隐患，由生产经营单位主要负责人组织制定并实施事故隐患治理方案。重大事故隐患治理方案应当包括以下内容：

（一）治理的目标和任务；

（二）采取的方法和措施；

（三）经费和物资的落实；

（四）负责治理的机构和人员；

（五）治理的时限和要求；

（六）安全措施和应急预案。

第十六条 生产经营单位在事故隐患治理过程中，应当采取相应的安全防范措施，防止事故发生。事故隐患排除前或者排除过程中无法保证安全的，应当从危险区域内撤出作业人员，并疏散可能危及的其他人员，设置警戒标志，暂时停产停业或者停止使用；对暂时难以停产或者停止使用的相关生产储存装置、设施、设备，应当加强维护和保养，防止事故发生。

第十七条 生产经营单位应当加强对自然灾害的预防。对于因自然灾害可能导致事故灾难的隐患，应当按照有关法律、法规、标准和本规定的要求排查治理，采取可靠的预防措施，制定应急预案。在接到有关自然灾害预报时，应当及时向下属单位发出预警通知；发生自然灾害可能危及生产经营单位和人员安全的情况时，应当采取撤离人员、停止作业、加强监测等安全措施，并及时向当地人民政府及其有关部门报告。

第十八条 地方人民政府或者安全监管监察部门及有关部门挂牌督办并责令全部或者局部停产停业治理的重大事故隐

患，治理工作结束后，有条件的生产经营单位应当组织本单位的技术人员和专家对重大事故隐患的治理情况进行评估；其他生产经营单位应当委托具备相应资质的安全评价机构对重大事故隐患的治理情况进行评估。

经治理后符合安全生产条件的，生产经营单位应当向安全监管监察部门和有关部门提出恢复生产的书面申请，经安全监管监察部门和有关部门审查同意后，方可恢复生产经营。申请报告应当包括治理方案的内容、项目和安全评价机构出具的评价报告等。

第三章　监督管理

第十九条　安全监管监察部门应当指导、监督生产经营单位按照有关法律、法规、规章、标准和规程的要求，建立健全事故隐患排查治理等各项制度。

第二十条　安全监管监察部门应当建立事故隐患排查治理监督检查制度，定期组织对生产经营单位事故隐患排查治理情况开展监督检查；应当加强对重点单位的事故隐患排查治理情况的监督检查。对检查过程中发现的重大事故隐患，应当下达整改指令书，并建立信息管理台账。必要时，报告同级人民政府并对重大事故隐患实行挂牌督办。

安全监管监察部门应当配合有关部门做好对生产经营单位事故隐患排查治理情况开展的监督检查，依法查处事故隐患排查治理的非法和违法行为及其责任者。

安全监管监察部门发现属于其他有关部门职责范围内的重大事故隐患的，应该及时将有关资料移送有管辖权的有关部门，并记录备查。

第二十一条 已经取得安全生产许可证的生产经营单位，在其被挂牌督办的重大事故隐患治理结束前，安全监管监察部门应当加强监督检查。必要时，可以提请原许可证颁发机关依法暂扣其安全生产许可证。

第二十二条 安全监管监察部门应当会同有关部门把重大事故隐患整改纳入重点行业领域的安全专项整治中加以治理，落实相应责任。

第二十三条 对挂牌督办并采取全部或者局部停产停业治理的重大事故隐患，安全监管监察部门收到生产经营单位恢复生产的申请报告后，应当在10日内进行现场审查。审查合格的，对事故隐患进行核销，同意恢复生产经营；审查不合格的，依法责令改正或者下达停产整改指令。对整改无望或者生产经营单位拒不执行整改指令的，依法实施行政处罚；不具备安全生产条件的，依法提请县级以上人民政府按照国务院规定的权限予以关闭。

第二十四条 安全监管监察部门应当每季将本行政区域重大事故隐患的排查治理情况和统计分析表逐级报至省级安全监管监察部门备案。

省级安全监管监察部门应当每半年将本行政区域重大事故隐患的排查治理情况和统计分析表报国家安全生产监督管理总局备案。

第四章 罚 则

第二十五条 生产经营单位及其主要负责人未履行事故隐患排查治理职责，导致发生生产安全事故的，依法给予行政处罚。

第二十六条 生产经营单位违反本规定，有下列行为之一的，由安全监管监察部门给予警告，并处三万元以下的罚款：

（一）未建立安全生产事故隐患排查治理等各项制度的；

（二）未按规定上报事故隐患排查治理统计分析表的；

（三）未制定事故隐患治理方案的；

（四）重大事故隐患不报或者未及时报告的；

（五）未对事故隐患进行排查治理擅自生产经营的；

（六）整改不合格或者未经安全监管监察部门审查同意擅自恢复生产经营的。

第二十七条 承担检测检验、安全评价的中介机构，出具虚假评价证明，尚不够刑事处罚的，没收违法所得，违法所得在五千元以上的，并处违法所得二倍以上五倍以下的罚款，没有违法所得或者违法所得不足五千元的，单处或者并处五千元以上二万元以下的罚款，同时可对其直接负责的主管人员和其他直接责任人员处五千元以上五万元以下的罚款；给他人造成损害的，与生产经营单位承担连带赔偿责任。

对有前款违法行为的机构，撤销其相应的资质。

第二十八条 生产经营单位事故隐患排查治理过程中违反有关安全生产法律、法规、规章、标准和规程规定的，依法给予行政处罚。

第二十九条 安全监管监察部门的工作人员未依法履行职责的，按照有关规定处理。

第五章 附 则

第三十条 省级安全监管监察部门可以根据本规定，制定事故隐患排查治理和监督管理实施细则。

第三十一条 事业单位、人民团体以及其他经济组织的事故隐患排查治理，参照本规定执行。

第三十二条 本规定自2008年2月1日起实施。

第二章 安全管理

2010 年 1 月 19 日，2010 年全国安全生产工作会议在北京召开，安排部署了 2010 年的主要任务：动员全国安全监管监察系统各级领导班子和广大干部职工，深入贯彻落实科学发展观，牢固树立安全发展理念，坚持预防为主，强化安全监管，狠抓责任落实，加强制度建设，形成工作合力，继续深入开展“安全生产年”活动，全面深化安全生产“三项行动”和“三项建设”各项工作措施，有效防范和坚决遏制重特大事故，继续降低事故总量和伤亡人数，进一步促进全国安全生产形势的持续稳定好转。

第一节　安全生产三项建设

所谓安全生产三项建设是指：**法制体制机制建设、保障能力建设、监管队伍建设**。

2009 年全国安全生产工作会议明确提出，2009 年要切实加强法制体制机制建设、保障能力建设、监管队伍建设。

（1）加强法制体制机制建设——以全面落实安全生产责任

制为核心，着力推动责任落实和长效监管。

（2）加强安全生产保障能力建设——以重点骨干企业为主体，着力强化安全生产基础。

（3）加强安全生产监管队伍建设——以开展深入学习实践科学发展观活动为契机，着力提高安全监管监察工作的执行力和公信力。

构建安全生产长效机制，才能实现安全生产长治久安。要以加强“三项建设”为突破口，进行建立安全生产长效机制的有益探索。

建立、完善并落实安全生产责任制，是保障安全生产的重要一环。以全面落实安全生产责任制为核心，加强法制体制机制建设，着力推动责任落实和长效监管。进一步建立健全安全生产目标责任制度。坚持和完善控制考核指标体系，建立考核奖惩制度，做到月通报、季发布、年考核，有奖有罚，奖优罚劣。总结推广成功经验和有效做法，探索加强和改进党委政府对安全生产工作领导的有效途径，推动各方面履行职责到位。进一步完善安全生产法律法规和政策措施。修订相关法律法规，制定有关法规规章。加快地方安全立法工作。加快安全标准的制定修订，尽快建立健全安全生产标准体系。发挥经济政策的导向作用，采取更多、更加有利于安全生产的政策措施，加快安全生产政策治本、源头治本。加强职业安全健康监管工作，努力降低职业伤害。

“三项建设”之二是，以重点骨干企业为主体，加强安全生产保障能力建设，着力强化安全生产基础。总结推广近年来煤矿、建筑施工、金属非金属矿山、化工等行业安全质量达标工作经验，在工矿商贸企业全面开展安全质量标准化活动。加强企业安全投入、安全管理和安全培训工作，解决目前部分企业技术装备落后、安全责任不落实、从业人员素质不高等问题。加强安全生产应急救援能力建设。建立完善对各类事故的预报、预警、预防和应急救援机制。加强应急培训、演练和宣教，提高预案质量；进一步加强各级应急机构队伍的配合协调，增强各级应急救援指挥机构的指挥协调能力。加快推动安全生产科技进步。建立国家、地方和企业三级安全科技网络，加快组织实施国家安全生产科技规划，加大重点科技成果的推广转化力度，提升煤矿等重点行业领域安全技术水平，把安全生产建立在依靠科技进步的基础上。

能否建设一支政治强、思想好、作风正、能力强的高素质安全监管监察队伍，是实现安全状况持续稳定好转的关键，因此，队伍建设历来社会备受关注。安监总局负责人强调，今年总局要以开展深入学习实践科学发展观活动为契机，加强安全生产监管队伍建设，着力提高安全监管监察工作的执行力和公信力。通过深入开展学习实践活动，切实提高安监系统广大干部职工践行科学发展观和推动安全发展的自觉性，引导全系统广大干部，弘扬先进、学习英模，内强素质、外树形象。加强思想政治建设，坚定理想信念，自觉做维护人民群众生命财产安全和促进安全发展的忠诚卫士。加强作风建设，弘扬求真务实、真抓实干的好作风。加强能力建设，改善知识结构，拓宽工作视野，大力提高安全监管能力、行政执法能力和事故调查处理能力，加大责任事故的调查处理力度，依法严肃追究事故责任。加强党风廉政建设，不断完善内部监督制约机制，坚决防范以权谋私、权钱交易、官商勾结等腐败问题的发生。

第二节　安全生产监督管理总局提倡的现代安全管理理论

一、安全发展、两个主体责任等重点概念

2006 年 3 月 27 日下午，中共中央政治局进行第三十次集体学习，中共中央总书记胡锦涛主持。他强调，高度重视和切实抓好安全生产工作，是坚持立党为公、执政为民的必然要求，是贯彻落实科学发展观的必然要求，是实现好、维护好、发展好最广大人民的根本利益的必然要求，也是构建社会主义和谐社会的必然要求。

他指出，安全生产关系人民群众生命财产安全，关系改革发展稳定的大局。党的十六届五中全会明确提出，要坚持节约发展、清洁发展、安全发展，**把安全发展作为一个重要理念纳入我国社会主义现代化建设的总体战略**。这是我们对科学发展观认识的深化。

胡锦涛强调，人的生命是最宝贵的。我国是社会主义国家，我们的发展不能以牺牲精神文明为代价，不能以牺牲生态环境为代价，更不能以牺牲人的生命为代价。重特大安全事故给人民群众生命财产造成了重大损害。我们一定要痛定思痛，深刻吸取血的教训，切实加大安全生产工作的力度，坚决遏制住重特大安全事故频发的势头。

胡锦涛指出，加强安全生产工作，关键是要全面落实**安全第一、预防为主、综合治理的方针**，做到思想认识上警钟长鸣、制度保证上严密有效、技术支撑上坚强有力、监督检查上

严格细致、事故处理上严肃认真。

一是要坚决落实安全生产责任制，完善安全生产管理的体制机制，严格执行安全生产的各项规章制度，**确保政府承担起安全生产监管主体的职责，确保企业承担起安全生产责任主体的职责，确保安全生产监管部门承担起安全生产监管的职责**，把安全生产的各项要求落到实处。

二是要加强安全生产法制建设，加紧完善安全生产法律法规体系，加快建立安全生产法治秩序，加大安全监管监察执法力度，增强政府、企业和全社会的安全生产法治观念，认真查处安全事故，严肃追究有关责任人员的责任。

三是要抓好重点行业安全生产专项整治，坚决纠正违反安全生产的行为，切实消除安全隐患。

四是要加大安全生产的治本力度，加大政府和企业对安全生产的投入，建立重特大安全事故监测预警系统，加快安全生产科技进步，加强安全生产培训教育，大力建设安全文化，形成有利于安全发展的经济增长方式，为安全发展打下坚实基础。

胡锦涛强调，**搞好安全生产，领导重视是关键**。各级党委和政府要充分认识加强安全生产工作的长期性、艰巨性、复杂性，加强领导，转变作风，狠抓落实。要坚持把实现安全发展、保障人民群众生命财产安全和健康作为关系全局的重大责任，与经济社会发展各项工作同步规划、同步部署、同步推进，促进安全生产与经济社会发展相协调。要经常分析安全生产形势，深入把握安全生产的规律和特点，抓紧解决安全生产中的突出矛盾和问题，有针对性地提出加强安全生产工作的政策举措。要搞好舆论宣传和引导，开展各种形式的安全生产活动，动员全党全社会共同关心和支持安全生产工作，形成齐抓共管的最大合力，尽快实现我国安全生产状况的根本好转，为全面建设小康社会、加快推进社会主义现代化创造更加良好的社会环境。

安全发展：安全发展作为一个重要理念纳入我国社会主义现代化建设的总体战略，是对科学发展观认识的深化。

安全生产方针：安全第一、预防为主、综合治理。

两个责任制：

（1）确保政府承担起安全生产监管主体的职责（确保安全生产监管部门承担起安全生产监管的职责）

（2）确保企业承担起安全生产责任主体的职责

二、安全生产五要素

（1）安全文化

（2）安全法制

（3）安全责任

（4）安全科技

（5）安全投入

安全管理工作体系主要由源头控制、过程管理、应急救援和事故处理四个方面构成。而每个方面都离不开安全文化、安全法制、安全责任、安全科技和安全投入这五个安全生产关键要素，我们日常安全管理工作也是紧紧围绕这五大要素进行的。这五个要素既相对独立，又相辅相成，甚至互为条件。

在这五个要素中，**安全文化起到灵魂和统帅的作用，应该说是基础的基础**，是安全生产工作的精神指向，其他的各个要素都在安全文化的指导下展开。安全文化最基本的内涵是职工的安全生产意识，只有加强安全生产宣传教育培训，逐步提高职工的安全意识，把安全工作始终抓在手上，放在心中，做到警钟长鸣，居安思危，言危思进，常抓不懈，在其他要素健全和成熟的前提下，才能形成不伤害自己、不伤害他人、不被他人伤害的安全理念，培育出深入人心的“以人为本”的安全文化。

安全法制就是安全规章制度的建立和执行，是保障安全生产最有力的武器，是开展其他工作的保证和约束，也是安全生产管理进入规范化、制度化的必要条件。只有建立健全科学完善的制度、规程、标准，并严格做到有章可循、有章必循、违章必究，才能体现安全管理的严肃性和权威性。

安全责任，简而言之，就是安全责任心和责任制。安全责任心是每个职工对自己、对家庭、对单位所要确认的一种良心，一种道德要求。特别是对专职安全管理干部来说，更为重要。安全责任制实质就是安全生产人人有责，是落实安全法制的手段，是安全法律法规的具体化。落实安全责任制，不仅要强化行政责任问责制度，更要执行安全生产行政责任追究制度，做到谁违章谁负责，谁渎职谁负责。

安全科技就是要科技兴安，是实现安全生产的重要手段和措施，是安全生产的最基本出路，决定着安全生产的保障和事故预防能力。安全工作需要科技的支撑，只有充分依靠科学技术的手段，生产过程的安全才有根本的保障，才能实现真正意义上的本质安全。

安全投入是指保证安全生产必需的经费。它是其他要素的物质支持。安全也是生产力，安全生产的实现要靠投入的保障作为基础，提高安全生产的能力，需要为安全付出成本，安全的成本既是代价，更是效益。因此，建立多元化的安全生产投入机制既是安全责任使然，也是安全发展要求。

三、安全生产 12 项治本之策

（1）制定安全发展规划，建立和完善安全生产指标及控制体系；

（2）加强行业管理，修订行业安全标准和规程；

（3）增加安全投入，扶持重点煤矿治理瓦斯等重大隐患；

（4）推动安全科技进步，落实项目、资金；

（5）研究出台经济政策，建立、完善经济调控手段；

（6）加强教育培训，规范煤矿招工和劳动管理；

（7）加快立法工作；

（8）建立安全生产激励约束机制；

（9）强化企业主体责任，严格企业安全生产业绩考核；

（10）严肃查处责任事故，防范惩治失职渎职、官商勾结等腐败现象；

（11）倡导安全文化，加强社会监督；

（12）完善监管体制，加快应急救援体系建设。

第一项就是制定安全规划，要把安全生产纳入我们国家经济社会发展的总体规划之中。我国的第十一个五年发展规划就把安全生产的两个主要指标纳入到整个指标体系里去了。一是亿元 GDP 事故死亡率，五年之内要下降 35%；二是工矿商贸十万从业人员事故死亡率五年之内要下降 25%，这两个指标是作为我国“十一五”期间经济社会发展的目标体系中间的两个，这两个指标再加上道路交通万人死亡率以及煤矿百万吨煤炭死亡率，一共四个指标又纳入我们国家整个统计的指标体系之中，要定期进行发布。

第二项就是要加强行业管理。针对煤矿事故发生比较多的严峻现实，国家适当做了一些职能的调整，把涉及煤炭行业安全生产的行业管理职能调整到国家煤矿安全监察局，同时进一步强调有关行业管理部门要加强对行业安全生产监管。

第三是加大安全投入。光煤矿，国家拿出国债资金来帮助国有重点煤矿解决安全生产的历史欠账，这些国债资金带动了企业、地方投入了很多资金来解决安全生产隐患。同时国家还采取了一系列政策措施，比如说在高危行业，强制性地要求提取安全费用，这样保证了安全的投入。

第四，推进安全科技进步。把重大安全隐患的治理也纳入我国"十一五"科技发展规划中去，同时针对安全生产领域的重大技术难关组织攻关，依靠科技的力量保证安全生产，提高安全监管的科技含量。

第五，采取一系列经济政策。在八个省实行矿产资源有偿使用，解决了私挖乱采、浪费资源以及非法开采问题；加大事故赔偿标准，实行安全生产与工伤保险互动的机制，实行安全生产风险抵押金，等等，这些经济政策都是很管用的。

第六，加强教育培训，加强人才培养，为煤矿这样的高危行业解决人才短缺问题。我们跟教育部专门制定了一些优惠政策，如定向培养、设立奖学金，通过这些政策鼓励学生报考煤炭专业，提高整个队伍的素质，这是长远之计。

第七，加大安全立法，进一步完善安全生产的法律法规体系，加大安全监察的执法力度，真正建立起规范的安全生产的法制秩序，以法治安，重点治乱。

第八，建立激励约束考核的制度，每年由国家安委会向各省下达年度安全生产控制考核指标，通过下达考核指标建立约束机制，促进安全生产责任制的落实，并将这些指标定期在媒体公布，组织部门也把安全生产有关指标纳入干部政绩考核的内容，这些都是激励约束机制。

第九，强化企业的主体责任，通过有限的政府监管，行业指导、社会监督，促进企业落实安全生产的主体责任，同时，有关的行业管理部门也详细下发了一些有关加强安全生产行业管理的指导意见，进一步推动企业落实安全生产责任制，落实安全生产防范措施。认真按照《安全生产法》所规定的生产经营法律和安全保障制度真正落到实处。

第十，加大事故责任追究，这些年通过建立安全生产问责制，建立健全有关安全生产责任追究的一系列法律制度，进一步加大了追究力度。对所有发生安全生产事故的不仅要追究事故直接责任人的责任，同时还要追究领导责任。

第十一，发挥社会监督的作用，通过媒体，通过建立举报制度，把安全生产置于群众监督之下，很多被瞒报的事故都是被媒体举报得以公之于众。一些复杂的隐患通过群众的举报才得到重视，并加以解决。建立这种社会的监督机制是很有必要的。

第十二，进一步完善安全的监管体制和应急管理机制。

这十二项政策措施可以说涵盖了各个方面，按照国务院制定的这十二项治本之策，各有关部门这几年先后下发了 40 多个规范性文件，将这些政策措施加以细化，制定具体的实施办法，都在贯彻落实之中。它的贯彻落实对于解决安全生产之中的矛盾和问题确实起到了很重要的作用。

四、七个依靠

(1) 要依靠监管、监察系统执法人员的努力，加强沟通和协调，用足、用好现有法律规定，综合运用经济、行政、法律手段，挺直腰杆，理直气壮地加大执法力度；

（2）要依靠企业自觉遵章守法，落实企业主体责任；

（3）要依靠各个部门，密切合作，开展联合执法；

（4）要依靠地方政府，落实地方政府的监管责任；

（5）要依靠公检法等司法机关，严肃追究事故责任；

（6）要依靠纪检监察部门，严厉查处事故背后的腐败现象；

（7）要依靠社会支持和监督，借助社会压力，增加工作动力。

第三节　加强安全监管队伍建设

一、九条纪律

国家安全生产监督管理总局党组《关于进一步加强安全生产监管和煤矿安全监察队伍建设的若干意见》（安监总党字〔2005〕19号）中要求，监管监察机构和人员在执法中要严格遵守以下九条纪律：

（1）不准以任何理由违反规定收送现金、有价证券、支付凭证和礼品，严禁借婚丧嫁娶等事宜收钱敛财；

（2）不准参加可能影响公正执行公务的宴请及由监管监察对象支付费用的娱乐、健身、旅游等活动，严禁参加任何形式的赌博；

（3）不准以任何形式从事安全生产评价及其他中介活动，或收取中介机构提供的钱物；

（4）不准违反规定向监管监察对象集资、摊派、拉赞助、推销产品、索要钱物、接受馈赠或利用职务之便为亲友谋取私利；

（5）不准到被监管监察单位报销应由本单位或个人支付的费用；

（6）不准滥施行政处罚和擅自改变行政处罚；

（7）不准违反“收支两条线”规定，私自截留处置罚没财产；

（8）不准徇私枉法，包庇、纵容违法违规单位和个人或对监管监察对象故意刁难和打击报复；

（9）不准在煤矿及其他企业入股“分红”或提供有偿技术咨询服务。

二、四个始终保持

2008 年 4 月 17 日，国家安全监管总局召开全国安全生产视频会议。会议传达贯彻了张德江副总理的重要讲话精神，通报了一季度全国安全生产工作情况，部署了“百日安全督查专项行动”，并对加强机关建设和干部队伍建设提出了明确要求。原国家安全生产监督管理总局党组书记、局长王君要求，为了适应新形势、新任务的需要，必须建设一支过硬的安全生产监管监察队伍。

要加强领导班子的思想政治建设，各级领导干部要**始终保持政治上的清醒和坚定，始终保持求真务实、真抓实干的工作作风，始终保持积极向上、奋发有为的精神状态，始终保持清正廉洁、服务人民的良好形象。**

三、六个表率

2008 年 3 月 31 日，国家安监总局召开全体机关干部及在京直属单位负责人会议，传达学习国务院廉政工作会议精神和温家宝总理重要讲话精神。原总局局长、党组书记王君要求，广大党员干部特别是领导干部，要率先垂范、做出表率，着力在六个方面做表率。

（1）加强学习、注重调查研究

（2）求真务实、真抓实干

（3）与时俱进、开拓创新

（4）艰苦奋斗、廉洁自律

（5）牢记宗旨、服务群众

（6）加强团结、协作共事

四、安全监察的三个转变

各级安全监管监察机构和行业管理部门认真履行职责，加快推进**职能、工作方式、工作作风**“三个转变”。

五、五型机关

2008 年 4 月 17 日，国家安全监管总局召开全国安全生产视频会议。会议传达贯彻了张德江副总理的重要讲话精神，通报了一季度全国安全生产工作情况，部署了“百日安全督查专项行动”，并对加强机关建设和干部队伍建设提出了明确要求。原国家安全生产监督管理总局党组书记、局长王君强调，要加强机关自身建设，切实抓好总局党组决定在机关率先开展的建设**学习型、实效型、服务型、和谐型、廉洁型“五型机关”**创建活动，使机关上下的精神面貌、工作状态和工作作风有一个大的改变，为推动安全生产各项工作的落实，完成党和人民赋予的重任，实现全国安全生产状况明显好转的目标提供坚强的组织保证。

六、双五条建设

国家安全生产监督管理总局《关于加强安全评价机构监督管理工作的通知》（安监总规划〔2006〕108 号）中要求：

各级安全生产监管、煤矿安全监察部门及其工作人员必须严格遵守以下规定：

（1）不准干预安全评价机构的正常活动，不得以备案、登记为由，擅自设立法律法规之外的行政许可事项，凡属行政许可的事项一律不准收费。

（2）不准以任何理由实行地区和部门保护，不得指定生产经营单位接受特定的安全评价机构开展评价工作。

（3）不准接受安全评价机构的礼金、有价证券、支付凭证，不得在安全评价机构入股或收受利益分成，不得在安全评价机构报销应由个人支付的各种费用，不得收取或变相收取各种报酬和费用。

（4）不准利用职权向安全评价机构索要钱物或为亲友谋取私利。

（5）不准参加由安全评价机构支付费用的娱乐、健身、旅游等活动，不得以单位或个人名义向安全评价机构摊派或推销书刊、产品等。

安全评价机构及其从业人员要加强自律，严格遵守以下规定：

（1）不准以安全生产监管、煤矿安全监察部门及其工作人员的名义或以欺骗手段到生产经营单位招揽业务。

（2）不准伪造安全评价资质、资格证书，不得出具假证件和其他虚假证明资料。

（3）不准在业务活动中进行任何形式的商业贿赂，不得以不正当的方式获取评价项目。

（4）不准在安全评价业务活动中弄虚作假、提供虚假报告，不得超资质规定业务范围从事安全评价活动。

（5）不准转让和出借资质、资格证书，不得在多家机构重复执业。

第四节　重点行业监管

一、关闭矿井“六条标准”

（1）有关地方政府发布公告，公布关闭矿井名单；

（2）有关颁证机关依法注销或吊销关闭矿井的相关证照；

（3）停止供水、供电、供火工品；

（4）拆除设备、炸毁井筒、填平场地；

（5）恢复地表植被或复垦；

（6）遣散煤矿所有从业人员。

二、煤矿“十二字方针”——“先抽后采、监测监控、以风定产”

“先抽后采、监测监控、以风定产”十二字方针，反映了煤矿瓦斯防治的客观规律和基本要求，凝聚了血的教训，是煤矿安全生产实践经验的概括和总结。特别是“先抽后采”，对防范瓦斯事故具有釜底抽薪、源头治本作用，是煤矿安全生产的基础性、关键性措施。

三、关闭煤矿的 16 种依据

国务院办公厅转发了安全监管总局、煤矿安监局、发展改革委、公安部、监察部、财政部、劳动保障部、国土资源部、国资委、工商总局、电监会、全国总工会《关于进一步做好煤矿整顿关闭工作的意见》，明确了按照《国务院关于预防煤矿生产安全事故的特别规定》等有关法律法规，以及煤炭产业政策的有关要求，应予关闭的 16 种矿井。

第 1 种："不符合矿产资源规划和矿业权设置方案的。"依据《国务院关于促进煤炭工业健康发展的若干意见》，"凡未经国家批准开发规划和矿业权设置方案的，一律不得办理矿业权设置"。对违反规定已办理采矿许可证的，要依法予以注销和关闭。

第 2 种："不符合经批准的煤炭工业发展规划和矿区总体规划的。"《乡镇煤矿管理条例》、《国务院关于全国整顿和规范矿产资源开发秩序的通知》等对此都有明确规定，这类矿井必须关闭。由大矿采取合理补偿、整体收购等方式进行整合的，也要先关闭、后整合。

第 3 种："未依法取得采矿许可证、安全生产许可证、煤炭生产许可证、营业执照和矿长资格证、矿长安全资格证，擅自从事生产的。"依据《安全生产法》和《安全生产许可条例》等法规，应予以关闭。

第 4 种："超层越界开采拒不退回的。"《矿产资源法》**第四十条**规定："超越批准的矿区范围采矿的，责令退回本矿区范围内开采、赔偿损失，没收矿产品和违法所得，并处罚款；拒不退回本矿区范围内开采，吊销采矿许可证。"

第 5 种："3 个月内 2 次或者 2 次以上发现有重大安全生

产隐患，仍然组织生产的。”

第 6 种：“被依法责令停产整顿的矿井擅自组织生产的或整顿验收不合格的。”

第 7 种：“存在煤与瓦斯突出、自然发火、冲击地压、水灾威胁等重大安全生产隐患，经论证在现有技术条件下难以有效防治的。”

第 8 种：“1 个月内 3 次或者 3 次以上发现未对井下作业人员进行安全生产教育和培训或者特种作业人员无证上岗的。”

关闭以上四种矿井（第 5 至第 8 种），分别依据国务院《特别规定》**第十条**第二款、**第十一条**、**第十五条**和**第十七条**。

第 9 种：“不同采矿权人，其许可的采矿范围在垂直方向上相互重叠且影响安全生产的，只保留一个矿井，其他关闭。”其依据是《矿产资源法实施细则》（国务院令第 152 号）**第五条**规定，矿产资源勘探工作区范围和开采矿区范围，以经纬度划分的区块为基本单位。也就是说不存在以海拔垂深划分开采矿区范围，这类矿井不能保障安全生产，依据安全生产法律法规，应予以关闭。

第 10 种：“在大型煤炭矿区范围内开采的。”依据 1998 年《国务院关于关闭非法和布局不合理煤矿有关问题的通知》，“在国有煤矿矿区范围内开办的各类小煤矿，虽证照齐全且合法生产，但因布局不合理，影响国有煤矿长远发展，也要予以关闭”。2001 年 6 月国务院办公厅发出紧急通知，重申凡国有煤矿矿区范围内的各类小煤矿，必须一律予以关闭。

第 11 种：“年生产能力在 3 万吨及以下的矿井，其中属于煤与瓦斯突出、水害威胁严重的必须在 2006 年年底前关闭，其他必须在 2007 年年底前关闭。”《国务院关于加快推进产能过剩行业结构调整的通知》明确规定，要“淘汰达不到产业政策规定规模和安全标准的小煤矿”。国家发展改革委《产业结构调整指导目录（2005年本）》规定：“2007年淘汰单井井型低于3万吨规模的矿井。”煤与瓦斯突出、水害威胁严重的3万吨及以下的小矿，应当及早关闭。

第12种：“资源接近枯竭的矿井，采矿许可证到期后一律予以关闭。”依据《煤炭法》**第二十六条**，“资源已经枯竭的，其煤炭生产许可证予以注销并公告”。

第13种：“纳入资源整合范围的矿井，未履行煤矿建设项目相关核准手续和‘三同时’（安全设施与主体工程同时设计、同时施工、同时投入生产和使用）审批程序、违规越权核准，未重新取得采矿许可证、安全生产许可证和煤炭生产许可证擅自组织生产的。”依据国家11部委局联合下发的《关于加强煤矿安全生产工作规范煤炭资源整合的若干意见》，实施资源整合的矿井，要按建设项目进行管理，履行建设项目规定的相关核准手续和“三同时”审批程序，重新取得相关证照后方可组织生产，否则应依法关闭。

第14种：“擅自进行‘三下’（建筑物下、水体下、铁路下）开采和在自然风景名胜区、文物保护区、重要水源地、重要设施等区域内开采的。”依据《矿产资源法》**第二十条**规定，非经国务院授权的有关主管部门批准，不得在“三下”及自然风景名胜区、文物保护区、重要水源地、重要设施等区域开采矿产资源。

第15种：“国家和地方产业政策明令淘汰的。”产业政策具有指导规范作用。不符合国家和地方产业政策的，应当予以关闭取缔。

第16种：“地方人民政府规定应予关闭的。”如山西省规定，凡发生一次死亡10人以上事故的小煤矿一律关闭；重庆市人民政府规定，凡发生一次死亡3人以上事故的小煤矿一律予以关闭。这些地方法规也应当得到贯彻执行。

四、瓦斯整治的七项措施

(1) 对瓦斯灾害严重的45户重点煤矿派驻安全督导组，进行跟踪监察。

(2) 从全国抽调煤矿安全专家，对瓦斯灾害严重和存在重大隐患的煤矿逐个进行安全评估，帮助制定具体的防范措施。

(3) 严格执行“以风定产”的规定，凡超通风能力生产的矿井，必须把产量降到通风能力许可的范围内。

(4) 历史上有过瓦斯动力现象，但未按突出矿井管理的，一律按突出矿井管理。

(5) 推广数字化瓦斯远程监控系统，高瓦斯和高突矿井没有建立瓦斯抽放和监测系统的，一律限期整改。

(6) 加快煤与瓦斯突出机理及预测预报科研攻关，尽快取得突破。

(7) 成立国家煤层气工程研究中心，推进煤层气综合开发利用，变害为利。

五、工矿企业的“三超”

工矿企业的“三超”指的是：**超能力、超强度、超定员生产**。

六、“六十四字”瓦斯综合治理工作体系

“通风可靠、抽采达标、监控有效、管理到位”的瓦斯综合治理工作体系：

（1）“通风可靠”的基本要求是：系统合理、设施完好、风量充足、风流稳定。

（2）“抽采达标”的基本要求是：多措并举、应抽尽抽、抽采平衡、效果达标。

（3）“监控有效”的基本要求是：装备齐全、数据准确、断电可靠、处置迅速。

（4）“管理到位”的基本要求是：责任明确、制度完善、执行有力、监督严格。

七、五证一照

五证一照：采矿许可证、安全生产许可证、煤炭生产许可证、矿长资格证、矿长安全资格证，工商营业执照。

八、交通运输企业“三超”

交通运输企业“三超”指的是：**超载、超限、超负荷运行**。

九、民爆器材生产企业“四超”

民爆器材生产企业“四超”指的是：**超员、超储、超产、超时**。

十、五整顿四关闭

1. 五类停产整顿矿井

（1）超通风能力生产的矿井；

（2）没有按规定建立瓦斯抽放系统，监测监控设施不完善、运转不正常的高瓦斯矿井；

（3）有瓦斯动力现象而没有采取防突措施的矿井；

（4）在建、改扩建矿井安全设施未经过煤矿安全监察机构竣工验收而擅自投产的，以及违反建设程序、未经核准（审批）或越权核准（审批）的矿井；

（5）在2005年7月13日前，未提出办证申请、申请未被受理或受理后经审核不予颁发煤矿安全生产许可证的矿井。

2. 四类关闭取缔矿井

（1）无证非法开采的矿井；

（2）以往关闭之后又擅自恢复生产的矿井；

（3）经整顿仍然达不到安全生产标准、不能取得安全生产许可证的矿井；

（4）无视政府安全监管，拒不进行整顿或者停而不整、明停暗采的矿井。

十一、七项断然措施

（1）要求各地加大排查整改力度，消除事故隐患；

（2）加强对停产整顿矿井的监管，确保停产整顿到位；

（3）坚决关闭经整顿仍不具备安全生产条件的煤矿，确保实现关闭目标；

（4）规范资源整合，严禁以“整合”为名拖延关闭或在整合期间违法开采；

（5）严格建设项目管理，严防不具备安全生产条件的煤矿借技术改造和改扩建之名逃避整顿；

（6）继续抓好瓦斯治理，严防超能力、超强度、超定员生产；

（7）落实煤矿安全生产责任，严格责任追究。

第三章 安全技术

第一节 危险化学品重大危险源辨识

《危险化学品重大危险源辨识》（GB 18218—2009）于2009年3月31日发布，自2009年12月1日实施，新标准的全部技术内容为强制性的，新标准将代替GB 18218—2000《重大危险源辨识》。

《危险化学品重大危险源辨识》（GB 18218—2009）与GB 18218—2000相比主要变化如下：

——将标准名称改为《危险化学品重大危险源辨识》；

——将采矿业中涉及危险化学品的加工工艺和储存活动纳入了适用范围；

——不适用范围增加了海上石油天然气开采活动；

——对部分术语和定义进行了修订；

——对危险化学品的范围进行了修订；

——对危险化学品的临界量进行了修订；

——取消了生产场所与储存区之间临界量的区别。

1 范围

本标准规定了辨识危险化学品重大危险源的依据和方法。

本标准适用于危险化学品的生产、使用、储存和经营等各企业或组织。

本标准不适用于：

A）核设施和加工放射性物质的工厂，但这些设施和工厂中处理非放射性物质的部门除外；

B）军事设施；

C）采矿业，但涉及危险化学品的加工工艺及储存活动除外；

D）危险化学品的运输；

E）海上石油天然气开采活动。

2 规范性引用文件

下列文件中的条款通过本标准的引用而成为本标准的条款。凡是注日期的引用文件，其随后所有的修改单（不包括勘误的内容）或修订版均不适用于本标准，然而，鼓励根据本标准达成协议的各方研究是否可使用这些文件的最新版本。凡是不注日期的引用文件，其最新版本适用于本标准。

GB 12268　危险货物品名表

GB 20592　化学品分类、警示标签和警示性说明安全规范　急性毒性

3 术语和定义

下列术语和定义适用于本标准。

3.1 危险化学品

具有易燃、易爆、有毒、有害等特性，会对人员、设施、环境造成伤害或损害的化学品。

3.2 单元

一个（套）生产装置、设施或场所，或同属一个生产经营单位的且边缘距离小于500 m的几个（套）生产装置、设施或场所。

3.3 临界量

对于某种或某类危险化学品规定的数量，若单元中的危险化学品数量等于或超过该数量，则该单元定为重大危险源。

3.4 危险化学品重大危险源

长期地或临时地生产、加工、使用或储存危险化学品，且危险化学品的数量等于或超过临界量的单元。

4 危险化学品重大危险源辨识

4.1 辨识依据

4.1.1 危险化学品重大危险源的辨识依据是危险化学品的危险特性及其数量，具体见表1和表2。

4.1.2 危险化学品临界量的确定方法如下：

A）在表1范围内的危险化学品，其临界量按表1确定；

B）未在表1范围内的危险化学品，依据其危险性，按表2确定临界量；若一种危险化学品具有多种危险性，按其中最低的临界量确定。

表 1　危险化学品名称及其临界量

序号	类别	危险化学品名称和说明	临界量（t）
1	爆炸品	叠氮化钡	0.5
2		叠氮化铅	0.5
3		雷酸汞	0.5
4		三硝基苯甲醚	5
5		三硝基甲苯	5
6		硝化甘油	1
7		硝化纤维素	10
8		硝酸铵（含可燃物＞0.2%）	5
9	易燃气体	丁二烯	5
10		二甲醚	50
11		甲烷，天然气	50
12		氯乙烯	50
13		氢	5
14		液化石油气（含丙烷、丁烷及其混合物）	50
15		一甲胺	5
16		乙炔	1
17		乙烯	50
18	毒性气体	氨	10
19		二氟化氧	1
20		二氧化氮	1
21		二氧化硫	20
22		氟	1
23		光气	0.3
24		环氧乙烷	10
25		甲醛（含量＞90%）	5
26		磷化氢	1
27		硫化氢	5

续表

序号	类别	危险化学品名称和说明	临界量（t）
28	毒性气体	氯化氢	20
29		氯	5
30		煤气（CO，CO和H_2、CH_4的混合物等）	20
31		砷化三氢（胂）	12
32		锑化氢	1
33		硒化氢	1
34		溴甲烷	10
35	易燃液体	苯	50
36		苯乙烯	500
37		丙酮	500
38		丙烯腈	50
39		二硫化碳	50
40		环己烷	500
41		环氧丙烷	10
42		甲苯	500
43		甲醇	500
44		汽油	200
45		乙醇	500
46		乙醚	10
47		乙酸乙酯	500
48		正己烷	500
49	易于自燃的物质	黄磷	50
50		烷基铝	1
51		戊硼烷	1
52	遇水放出易燃气体的物质	电石	100
53		钾	1
54		钠	10

续表

序号	类别	危险化学品名称和说明	临界量（t）
55		发烟硫酸	100
56		过氧化钾	20
57		过氧化钠	20
58		氯酸钾	100
59	氧化性物质	氯酸钠	100
60		硝酸（发红烟的）	20
61		硝酸（发红烟的除外，含硝酸＞70%）	100
62		硝酸铵（含可燃物≤0.2%）	300
63		硝酸铵基化肥	1000
64	有机过氧化物	过氧乙酸（含量≥60%）	10
65		过氧化甲乙酮（含量≥60%）	10
66		丙酮合氰化氢	20
67		丙烯醛	20
68		氟化氢	1
69		环氧氯丙烷（3-氯-1，2-环氧丙烷）	20
70		环氧溴丙烷（表溴醇）	20
71		甲苯二异氰酸酯	100
72	毒性物质	氯化硫	1
73		氰化氢	1
74		三氧化硫	75
75		烯丙胺	20
76		溴	20
77		乙撑亚胺	20
78		异氰酸甲酯	0.75

表 2　未在表 1 中列举的危险化学品类别及其临界量

类别	危险性分类及说明	临界量（t）
	1.1A 项爆炸品	1
爆炸品	除 1.1A 项外的其他 1.1 项爆炸品	10
	除 1.1 项外的其他爆炸品	50

续表

类别	危险性分类及说明	临界量（t）
气体	易燃气体：危险性属于2.1项的气体	10
	氧化性气体：危险性属于2.2项非易燃无毒气体且次要危险性为5类的气体	200
	剧毒气体：危险性属于2.3项且急性毒性为类别1的毒性气体	5
	有毒气体：危险性属于2.3项的其他毒性气体	50
易燃液体	极易燃液体：沸点≤35℃且闪点＜0℃的液体；或保存温度一直在其沸点以上的易燃液体	10
	高度易燃液体：闪点＜23℃的液体（不包括极易燃液体）；液态退敏爆炸品	1000
	易燃液体：23℃≤闪点＜61℃的液体	5000
易燃固体	危险性属于4.1项且包装为Ⅰ类的物质	200
易于自燃的物质	危险性属于4.2项且包装为Ⅰ或Ⅱ类的物质	200
遇水放出易燃气体的物质	危险性属于4.3项且包装为Ⅰ或Ⅱ的物质	200
氧化性物质	危险性属于5.1项且包装为Ⅰ类的物质	50
	危险性属于5.1项且包装为Ⅱ或Ⅲ类的物质	200
有机过氧化物	危险性属于5.2项的物质	50
毒性物质	危险性属于6.1项且急性毒性为类别1的物质	50
	危险性属于6.1项且急性毒性为类别2的物质	500
注：以上危险化学品危险性类别及包装类别依据GB 12268确定，急性毒性类别依据GB 20592确定。		

4.2 重大危险源的辨识指标

单元内存在危险化学品的数量等于或超过表1、表2规定的临界量，即被定为重大危险源。单元内存在的危险化学品的数量根据处理危险化学品种类的多少区分为以下两种情况：

4.2.1　单元内存在的危险化学品为单一品种，则该危险化学品的数量即为单元内危险化学品的总量，若等于或超过相应的临界量，则定为重大危险源。

4.2.2　单元内存在的危险化学品为多品种时，则按式（1）计算，若满足式（1），则定为重大危险源：

$$q_1/Q_1+q_2/Q_2+\cdots+q_n/Q_n\geqslant 1 \tag{1}$$

式中：

q_1，q_2，…，q_n——每种危险化学品实际存在量，单位为吨（t）；

Q_1，Q_2，…，Q_n——与各危险化学品相对应的临界量，单位为吨（t）。

第二节　安全标准化

一、安全生产标准化的发展历史

20 世纪 80 年代初期，煤炭行业事故持续上升，为此原煤炭部于 1986 年在全国煤矿开展“质量标准化、安全创水平”活动，目的是通过质量标准化促进安全生产，认为安全与质量之间存在着相辅相成、密不可分的内在联系，讲安全必须讲质量。有色、建材、电力、黄金等多个行业也相继开展了质量标准化创建活动，提高了企业安全生产水平。

2003 年 10 月，国家安全监管局和中国煤炭工业协会在黑龙江省七台河市召开了全国煤矿安全质量标准化现场会，提出了新形势下煤矿安全质量标准化的内容，会后出台的《关于在全国煤矿深入开展安全质量标准化活动的指导意见》，提出了安全质量标准化的概念。

2004年，《国务院关于进一步加强安全生产工作的决定》（国发〔2004〕2号）提出了在全国所有的工矿、商贸、交通、建筑施工等企业普遍开展安全质量标准化活动的要求。国家安全监管局印发了《关于开展安全质量标准化活动的指导意见》，煤矿、非煤矿山、危险化学品、烟花爆竹、冶金、机械等行业、领域均开展了安全质量标准化创建工作。随后，除煤炭行业强调了煤矿安全生产状况与质量管理相结合外，其他多数行业逐步弱化了质量的内容，提出了安全生产标准化的概念。

二、安全生产标准化的内涵及作用

安全生产标准化要求生产经营单位分析生产安全风险，建立预防机制，健全科学的安全生产责任制、安全生产管理制度和操作规程，各生产环节和相关岗位的安全工作符合法律法规、标准规程的要求，达到和保持一定的标准，并持续改进、完善和提高，使企业的人、机、环始终处在最好的安全状态下运行，进而保证和促进企业在安全的前提下健康快速发展。

目前，我国进入以重工业快速发展为特征的工业化中期，工业高速增长，加剧了煤、电、油、运等紧张的状况，加大了事故风险，处于事故易发期，安全生产工作的压力很大。如何采取适合我国经济发展现状和企业实际的安全监管方法和手段，使企业安全生产状况得以有效控制并稳定好转，是当前安全生产工作的重要命题之一。安全生产标准化体现了“安全第一、预防为主、综合治理”的方针和“以人为本”的科学发展观，强调企业安全生产工作的规范化、科学化、系统化和法制化，强化风险管理和过程控制，注重绩效管理和持续改进，符合安全管理的基本规律，代表了现代安全管理的发展方向，是先进安全管理思想与我国传统安全管理方法、企业具体实际的有机结合，将全面提高企业安全生产水平，从而推动我国安全生产状况的根本好转。

◆ **安全生产标准化是全面贯彻我国安全生产法律法规、落实企业主体责任的基本手段。**

◆ **安全生产标准化是体现先进安全管理思想、提升企业安全管理水平的重要方法。**

◆ **安全生产标准化是改善设备设施状况、提高企业本质安全水平的有效途径。**

◆ **安全生产标准化是预防控制风险、降低事故发生的有效办法。**

◆ **安全生产标准化是建立约束机制、树立企业良好形象的重要措施。**

◆ **安全生产标准化是建立长效机制、提高安全监管水平的有力抓手。**

第三节　作业场所职业危害申报管理办法

《作业场所职业危害申报管理办法》已经 2009 年 8 月 24 日国家安全生产监督管理总局局长办公会议审议通过，自 2009 年 11 月 1 日起施行。

第一条　为了规范作业场所职业危害的申报工作，加强对生产经营单位职业健康工作的监督管理，根据《中华人民共和国职业病防治法》、《使用有毒物品作业场所劳动保护条例》等法律、行政法规和国务院有关职业健康监督检查职责调整的规定，制定本办法。

第二条 在中华人民共和国境内存在或者产生职业危害的生产经营单位（煤矿企业除外），应当按照国家有关法律、行政法规及本办法的规定，及时、如实申报职业危害，并接受安全生产监督管理部门的监督管理。

煤矿企业作业场所职业危害申报的管理，另行规定。

第三条 本办法所称作业场所职业危害，是指从业人员在从事职业活动中，由于接触粉尘、毒物等有害因素而对身体健康所造成的各种损害。

作业场所职业危害按照《职业病危害因素分类目录》确定。

第四条 职业危害申报工作实行属地分级管理。生产经营单位应当按照规定对本单位作业场所职业危害因素进行检测、评价，并按照职责分工向其所在地县级以上安全生产监督管理部门申报。

中央企业及其所属单位的职业危害申报，按照职责分工向其所在地设区的市级以上安全生产监督管理部门申报。

第五条 生产经营单位申报职业危害时，应当提交《作业场所职业危害申报表》和下列有关资料：

（一）生产经营单位的基本情况；

（二）产生职业危害因素的生产技术、工艺和材料的情况；

（三）作业场所职业危害因素的种类、浓度和强度的情况；

（四）作业场所接触职业危害因素的人数及分布情况；

（五）职业危害防护设施及个人防护用品的配备情况；

（六）对接触职业危害因素从业人员的管理情况；

（七）法律、法规和规章规定的其他资料。

第六条 作业场所职业危害申报采取电子和纸质文本两种方式。生产经营单位通过“作业场所职业危害申报与备案管理系统”进行电子数据申报，同时将《作业场所职业危害申报表》加盖公章并由生产经营单位主要负责人签字后，按照本办法**第四条**和**第五条**的规定，连同有关资料一并上报所在地相应的安全生产监督管理部门。

第七条 作业场所职业危害申报不得收取任何费用。

第八条 作业场所职业危害每年申报一次。生产经营单位下列事项发生重大变化的，应当按照本条规定向原申报机关申报变更：

（一）进行新建、改建、扩建、技术改造或者技术引进的，在建设项目竣工验收之日起30日内进行申报；

（二）因技术、工艺或者材料发生变化导致原申报的职业危害因素及其相关内容发生重大变化的，在技术、工艺或者材料变化之日起15日内进行申报；

（三）生产经营单位名称、法定代表人或者主要负责人发生变化的，在发生变化之日起15日内进行申报。

第九条 生产经营单位终止生产经营活动的，应当在生产经营活动终止之日起15日内向原申报机关报告并办理相关手续。

第十条 县级以上安全生产监督管理部门应当建立职业危害管理档案。职业危害管理档案应当包括辖区内存在职业危害因素的生产经营单位数量、职业危害因素种类、行业及地区分布、接触人数、防护设施的配备和职业卫生管理状况等内容。

第十一条 安全生产监督管理部门应当依法对生产经营单位作业场所职业危害申报情况进行监督检查。

第十二条 安全生产监督管理部门及其工作人员在对职业危害申报材料审查以及监督检查中，涉及生产经营单位商业秘密和技术秘密的，应当为其保密。违反有关保密义务的，应当承担相应的法律责任。

第十三条 生产经营单位未按照本办法规定及时、如实地申报职业危害的，由安全生产监督管理部门给予警告，责令限期改正，可以并处2万元以上5万元以下的罚款。

第十四条 生产经营单位有关事项发生重大变化，未按照本办法**第八条**的规定申报变更的，由安全生产监督管理部门责令限期改正，可以并处1万元以上3万元以下罚款。

第十五条 《作业场所职业危害申报表》、《作业场所职业危害申报回执》的内容和格式由国家安全生产监督管理总局统一制定。

第十六条 本办法自2009年11月1日起施行。

第四节 作业场所职业健康监督管理暂行规定

《作业场所职业健康监督管理暂行规定》已经2009年6月15日国家安全生产监督管理总局局长办公会议审议通过，自2009年9月1日起施行。

第一章 总 则

第一条 为了加强工矿商贸生产经营单位作业场所职业健康的监督管理，强化生产经营单位职业危害防治的主体责任，预防、控制和消除职业危害，保障从业人员生命安全和健康，根据《职业病防治法》、《安全生产法》等法律、行政法规和国务院有关职业健康监督检查职责调整的规定，制定本规定。

第二条 除煤矿企业以外的工矿商贸生产经营单位（以下简称生产经营单位）作业场所的职业危害防治和安全生产监督管理部门对其实施监督管理工作，适用本规定。

煤矿企业作业场所的职业危害防治和煤矿安全监察机构对其实施监察工作，另行规定。

第三条 生产经营单位应当加强作业场所的职业危害防治工作，为从业人员提供符合法律、法规、规章和国家标准、行业标准的工作环境和条件，采取有效措施，保障从业人员的职业健康。

第四条 生产经营单位是职业危害防治的责任主体。

生产经营单位的主要负责人对本单位作业场所的职业危害防治工作全面负责。

第五条 国家安全生产监督管理总局负责全国生产经营单位作业场所职业健康的监督管理工作。

县级以上地方人民政府安全生产监督管理部门负责本行政区域内生产经营单位作业场所职业健康的监督管理工作。

第六条 为作业场所职业危害防治提供技术服务的职业健康技术服务机构，应当依照法律、法规、规章和执业准则，为生产经营单位提供技术服务。

第七条 任何单位和个人均有权向安全生产监督管理部门举报生产经营单位违反本规定的行为和职业危害事故。

第二章 生产经营单位的职责

第八条 存在职业危害的生产经营单位应当设置或者指定

职业健康管理机构，配备专职或者兼职的职业健康管理人员，负责本单位的职业危害防治工作。

第九条 生产经营单位的主要负责人和职业健康管理人员应当具备与本单位所从事的生产经营活动相适应的职业健康知识和管理能力，并接受安全生产监督管理部门组织的职业健康培训。

第十条 生产经营单位应当对从业人员进行上岗前的职业健康培训和在岗期间的定期职业健康培训，普及职业健康知识，督促从业人员遵守职业危害防治的法律、法规、规章、国家标准、行业标准和操作规程。

第十一条 存在职业危害的生产经营单位应当建立、健全下列职业危害防治制度和操作规程：

（一）职业危害防治责任制度；

（二）职业危害告知制度；

（三）职业危害申报制度；

（四）职业健康宣传教育培训制度；

（五）职业危害防护设施维护检修制度；

（六）从业人员防护用品管理制度；

（七）职业危害日常监测管理制度；

（八）从业人员职业健康监护档案管理制度；

（九）岗位职业健康操作规程；

（十）法律、法规、规章规定的其他职业危害防治制度。

第十二条 存在职业危害的生产经营单位的作业场所应当符合下列要求：

（一）生产布局合理，有害作业与无害作业分开；

（二）作业场所与生活场所分开，作业场所不得住人；

（三）有与职业危害防治工作相适应的有效防护设施；

（四）职业危害因素的强度或者浓度符合国家标准、行业标准；

（五）法律、法规、规章和国家标准、行业标准的其他规定。

第十三条 存在职业危害的生产经营单位，应当按照有关规定及时、如实将本单位的职业危害因素向安全生产监督管理部门申报，并接受安全生产监督管理部门的监督检查。

第十四条 新建、改建、扩建的工程建设项目和技术改造、技术引进项目（以下统称建设项目）可能产生职业危害的，建设单位应当按照有关规定，在可行性论证阶段委托具有相应资质的职业健康技术服务机构进行预评价。职业危害预评价报告应当报送建设项目所在地安全生产监督管理部门备案。

第十五条 产生职业危害的建设项目应当在初步设计阶段编制职业危害防治专篇。职业危害防治专篇应当报送建设项目所在地安全生产监督管理部门备案。

第十六条 建设项目的职业危害防护设施应当与主体工程同时设计、同时施工、同时投入生产和使用（以下简称“三同时”）。职业危害防护设施所需费用应当纳入建设项目工程预算。

第十七条 建设项目在竣工验收前，建设单位应当按照有关规定委托具有相应资质的职业健康技术服务机构进行职业危害控制效果评价。建设项目竣工验收时，其职业危害防护设施依法经验收合格，取得职业危害防护设施验收批复文件后，方可投入生产和使用。

职业危害控制效果评价报告、职业危害防护设施验收批复文件应当报送建设项目所在地安全生产监督管理部门备案。

第十八条 存在职业危害的生产经营单位，应当在醒目位置设置公告栏，公布有关职业危害防治的规章制度、操作规程和作业场所职业危害因素监测结果。

对产生严重职业危害的作业岗位，应当在醒目位置设置警示标识和中文警示说明。警示说明应当载明产生职业危害的种类、后果、预防和应急处置措施等内容。

第十九条 生产经营单位必须为从业人员提供符合国家标准、行业标准的职业危害防护用品，并督促、教育、指导从业人员按照使用规则正确佩戴、使用，不得发放钱物替代发放职业危害防护用品。

生产经营单位应当对职业危害防护用品进行经常性的维护、保养，确保防护用品有效。不得使用不符合国家标准、行业标准或者已经失效的职业危害防护用品。

第二十条 生产经营单位对职业危害防护设施应当进行经常性的维护、检修和保养，定期检测其性能和效果，确保其处于正常状态。不得擅自拆除或者停止使用职业危害防护设施。

第二十一条 存在职业危害的生产经营单位应当设有专人负责作业场所职业危害因素日常监测，保证监测系统处于正常工作状态。监测的结果应当及时向从业人员公布。

第二十二条 存在职业危害的生产经营单位应当委托具有相应资质的中介技术服务机构，每年至少进行一次职业危害因素检测，每三年至少进行一次职业危害现状评价。定期检测、评价结果应当存入本单位的职业危害防治档案，向从业人员公布，并向所在地安全生产监督管理部门报告。

第二十三条 生产经营单位在日常的职业危害监测或者定期检测、评价过程中，发现作业场所职业危害因素的强度或者浓度不符合国家标准、行业标准的，应当立即采取措施进行整改和治理，确保其符合职业健康环境和条件的要求。

第二十四条 向生产经营单位提供可能产生职业危害的设备的，应当提供中文说明书，并在设备的醒目位置设置警示标识和中文警示说明。警示说明应当载明设备性能、可能产生的职业危害、安全操作和维护注意事项、职业危害防护措施等内容。

第二十五条 向生产经营单位提供可能产生职业危害的化学品等材料的，应当提供中文说明书。说明书应当载明产品特性、主要成份、存在的有害因素、可能产生的危害后果、安全使用注意事项、职业危害防护和应急处置措施等内容。产品包装应当有醒目的警示标识和中文警示说明。贮存场所应当设置危险物品标识。

第二十六条 任何生产经营单位不得使用国家明令禁止使用的可能产生职业危害的设备或者材料。

第二十七条 任何单位和个人不得将产生职业危害的作业转移给不具备职业危害防护条件的单位和个人。不具备职业危害防护条件的单位和个人不得接受产生职业危害的作业。

第二十八条 生产经营单位应当优先采用有利于防治职业危害和保护从业人员健康的新技术、新工艺、新材料、新设备，逐步替代产生职业危害的技术、工艺、材料、设备。

第二十九条 生产经营单位对采用的技术、工艺、材料、设备，应当知悉其可能产生的职业危害，并采取相应的防护措施。对可能产生职业危害的技术、工艺、材料、设备故意隐瞒其危害而采用的，生产经营单位主要负责人对其所造成的职业危害后果承担责任。

第三十条 生产经营单位与从业人员订立劳动合同（含聘用合同，下同）时，应当将工作过程中可能产生的职业危害及其后果、职业危害防护措施和待遇等如实告知从业人员，并在劳动合同中写明，不得隐瞒或者欺骗。生产经营单位应当依法为从业人员办理工伤保险，缴纳保险费。

从业人员在履行劳动合同期间因工作岗位或者工作内容变更，从事与所订立劳动合同中未告知的存在职业危害的作业的，生产经营单位应当依照前款规定，向从业人员履行如实告知的义务，并协商变更原劳动合同相关条款。

生产经营单位违反本条第一款、第二款规定的，从业人员有权拒绝作业。生产经营单位不得因从业人员拒绝作业而解除或者终止与从业人员所订立的劳动合同。

第三十一条 对接触职业危害的从业人员，生产经营单位应当按照国家有关规定组织上岗前、在岗期间和离岗时的职业健康检查，并将检查结果如实告知从业人员。职业健康检查费用由生产经营单位承担。

生产经营单位不得安排未经上岗前职业健康检查的从业人员从事接触职业危害的作业；不得安排有职业禁忌的从业人员从事其所禁忌的作业；对在职业健康检查中发现有与所从事职业相关的健康损害的从业人员，应当调离原工作岗位，并妥善安置；对未进行离岗前职业健康检查的从业人员，不得解除或者终止与其订立的劳动合同。

第三十二条 生产经营单位应当为从业人员建立职业健康监护档案，并按照规定的期限妥善保存。

从业人员离开生产经营单位时，有权索取本人职业健康监护档案复印件，生产经营单位应当如实、无偿提供，并在所提供的复印件上签章。

第三十三条 生产经营单位不得安排未成年工从事接触职业危害的作业；不得安排孕期、哺乳期的女职工从事对本人和胎儿、婴儿有危害的作业。

第三十四条 生产经营单位发生职业危害事故，应当及时向所在地安全生产监督管理部门和有关部门报告，并采取有效措施，减少或者消除职业危害因素，防止事故扩大。对遭受职业危害的从业人员，及时组织救治，并承担所需费用。

生产经营单位及其从业人员不得迟报、漏报、谎报或者瞒报职业危害事故。

第三十五条 作业场所使用有毒物品的生产经营单位，应当按照有关规定向安全生产监督管理部门申请办理职业卫生安全许可证。

第三十六条 生产经营单位在安全生产监督管理部门行政执法人员依法履行监督检查职责时，应当予以配合，不得拒绝、阻挠。

第三章　监督管理

第三十七条 安全生产监督管理部门依法对生产经营单位执行有关职业危害防治的法律、法规、规章和国家标准、行业标准的下列情况进行监督检查：

（一）职业健康管理机构设置、人员配备情况；

（二）职业危害防治制度和规程的建立、落实及公布情况；

（三）主要负责人、职业健康管理人员、从业人员的职业健康教育培训情况；

（四）作业场所职业危害因素申报情况；

（五）作业场所职业危害因素监测、检测及结果公布情况；

（六）职业危害防护设施的设置、维护、保养情况，以及个体防护用品的发放、管理及从业人员佩戴使用情况；

（七）职业危害因素及危害后果告知情况；

（八）职业危害事故报告情况；

（九）依法应当监督检查的其他情况。

第三十八条 安全生产监督管理部门应当建立健全职业危害的监督检查制度，加强行政执法人员职业健康知识的培训，提高行政执法人员的业务素质。

第三十九条 安全生产监督管理部门应当建立健全职业危害防护设施“三同时”的备案管理制度，加强职业危害相关资料的档案管理。

第四十条 安全生产监督管理部门对从事职业危害防治工作的职业健康技术服务机构实行登记备案管理制度。依法取得相应资质的职业健康技术服务机构，应当向安全生产监督管理部门登记备案。

从事作业场所职业危害检测、评价等工作的中介技术服务机构应当客观、真实、准确地开展检测、评价工作，并对其检测、评价的结果负责。

第四十一条 安全生产监督管理部门应当加强对职业健康技术服务机构的监督检查，发现存在违法违规行为的，及时向有关部门通报。

第四十二条 安全生产监督管理部门行政执法人员依法履行监督检查职责时，应当出示有效的执法证件。

行政执法人员应当忠于职守，秉公执法，严格遵守执法规范；对涉及被检查单位的技术秘密和业务秘密的，应当为其保密。

第四十三条 安全生产监督管理部门履行监督检查职责时，有权采取下列措施：

（一）进入被检查单位及作业场所，进行职业危害检测，了解有关情况，调查取证；

（二）查阅、复制被检查单位有关职业危害防治的文件、资料，采集有关样品；

（三）对有根据认为不符合职业危害防治的国家标准、行业标准的设施、设备、器材予以查封或者扣押，并应当在15日内依法作出处理决定。

第四十四条 发生职业危害事故的，安全生产监督管理部门应当并依照国家有关规定报告事故和组织事故的调查处理。

第四章 罚 则

第四十五条 生产经营单位有下列情形之一的，给予警告，责令限期改正；逾期未改正的，处2万元以下的罚款：

（一）未按照规定设置或者指定职业健康管理机构，或者未配备专职或者兼职的职业健康管理人员的；

（二）未按照规定建立职业危害防治制度和操作规程的；

（三）未按照规定公布有关职业危害防治的规章制度和操作规程的；

（四）生产经营单位主要负责人、职业健康管理人员未按照规定接受职业健康培训的；

（五）生产经营单位未按照规定组织从业人员进行职业健康培训的；

（六）作业场所职业危害因素监测、检测和评价结果未按照规定存档、报告和公布的。

第四十六条 生产经营单位有下列情形之一的，责令限期改正，给予警告，可以并处2万元以上5万元以下的罚款：

（一）未按照规定及时、如实申报职业危害因素的；

（二）未按照规定设有专人负责作业场所职业危害因素日

常监测，或者监测系统不能正常监测的；

（三）订立或者变更劳动合同时，未告知从业人员职业危害真实情况的；

（四）未按照规定组织从业人员进行职业健康检查、建立职业健康监护档案，或者未将检查结果如实告知从业人员的。

第四十七条 生产经营单位有下列情形之一的，给予警告，责令限期改正；逾期未改正的，处 5 万元以上 20 万元以下的罚款；情节严重的，责令停止产生职业危害的作业，或者提请有关人民政府按照国务院规定的权限责令关闭：

（一）作业场所职业危害因素的强度或者浓度超过国家标准、行业标准的；

（二）未提供职业危害防护设施和从业人员使用的职业危害防护用品，或者提供的职业危害防护设施和从业人员使用的职业危害防护用品不符合国家标准、行业标准的；

（三）未按照规定对职业危害防护设施和从业人员职业危害防护用品进行维护、检修、检测，并保持正常运行、使用状态的；

（四）未按照规定对作业场所职业危害因素进行检测、评价的；

（五）作业场所职业危害因素经治理仍然达不到国家标准、行业标准的；

（六）发生职业危害事故，未采取有效措施，或者未按照规定及时报告的；

（七）未按照规定在产生职业危害的作业岗位醒目位置公布操作规程、设置警示标识和中文警示说明的；

（八）拒绝安全生产监督管理部门依法履行监督检查职责的。

第四十八条 生产经营单位有下列情形之一的，责令限期改正，并处5万元以上30万元以下的罚款；情节严重的，责令停止产生职业危害的作业，或者提请有关人民政府按照国务院规定的权限责令关闭：

（一）隐瞒技术、工艺、材料所产生的职业危害而采用的；

（二）使用国家明令禁止使用的可能产生职业危害的设备或者材料的；

（三）将产生职业危害的作业转移给没有职业危害防护条件的单位和个人，或者没有职业危害防护条件的单位和个人接受产生职业危害作业的；

（四）擅自拆除、停止使用职业危害防护设施的；

（五）安排未经职业健康检查的从业人员、有职业禁忌的从业人员、未成年工或者孕期、哺乳期女职工从事接触产生职业危害作业或者禁忌作业的。

第四十九条 生产经营单位违反有关职业危害防治法律、法规、规章和国家标准、行业标准的规定，已经对从业人员生命健康造成严重损害的，责令停止产生职业危害的作业，或者提请有关人民政府按照国务院规定的权限责令关闭，并处10万元以上30万元以下的罚款。

第五十条 建设项目职业危害预评价报告、职业危害防治专篇、职业危害控制效果评价报告和职业危害防护设施验收批复文件未按照本规定要求备案的，给予警告、并处3万元以下的罚款。

第五十一条 向生产经营单位提供可能产生职业危害的设备或者材料，未按照规定提供中文说明书或者设置警示标识和中文警示说明的，责令限期改正，给予警告，并处5万元以上20万元以下的罚款。

第五十二条 安全生产监督管理部门及其行政执法人员未按照规定报告职业危害事故的，依照有关规定给予处理；构成犯罪的，依法追究刑事责任。

第五十三条 本规定所规定的对作业场所职业健康违法行为的处罚，由县级以上安全生产监督管理部门决定。法律、行政法规和国务院有关规定对行政处罚决定机关另有规定的，依照其规定。

第五章 附 则

第五十四条 本规定下列用语的含义：

作业场所，是指从业人员进行职业活动的所有地点，包括建设单位施工场所。

职业危害，是指从业人员在从事职业活动中，由于接触粉尘、毒物等有害因素而对身体健康所造成的各种损害。

职业禁忌，是指从业人员从事特定职业或者接触特定职业危害因素时，比一般职业人群更易于遭受职业危害损伤和罹患职业病，或者可能导致原有自身疾病病情加重，或者在从事作业过程中诱发可能导致对他人生命健康构成危险的疾病的个人特殊生理或者病理状态。

第五十五条 本规定未规定的职业危害防治的其他有关事项，依照《职业病防治法》和其他有关法律、行政法规的规定执行。

第五十六条 本规定自 2009 年 9 月 1 日起施行。

第五节　冶金企业安全生产监督管理规定

针对近年来冶金企业发生的一些事故，2009 年 11 月 1 日起施行的《冶金企业安全生产监督管理规定》对冶金企业的工作场所作出一系列规定。

根据《冶金企业安全生产监督管理规定》，冶金企业的会议室、活动室、休息室、更衣室等人员密集场所应当设置在安全地点，不得设置在高温液态金属的吊运影响范围内。

与此同时，冶金企业内承受重荷载和受高温辐射、热渣喷溅、酸碱腐蚀等危害的建（构）筑物，应当按照有关规定定期进行安全鉴定。氧气系统应当采取可靠的安全措施，防止氧气燃爆事故以及氮气、氩气、珠光砂窒息事故。

此外，冶金企业应当在煤气储罐区等可能发生煤气泄漏、聚集的场所，设置固定式煤气检测报警仪，建立预警系统，悬挂醒目的安全警示牌，并加强通风换气。

这个监管规定还指出，冶金企业应当建立健全事故应急救援体系，制定相应的事故应急预案，配备必要的应急救援装备与器材，定期开展应急宣传、教育、培训、演练。

从事炼铁、炼钢、轧钢、铁合金生产作业活动和钢铁企业内与主工艺流程配套的辅助工艺环节的安全生产及其监管，适用这个监管规定。

冶金企业职业危害防护设施建设必须与主体工程“三同时”。

根据 2009 年 11 月 1 日起施行的《冶金企业安全生产监督管理规定》，冶金企业的新建、改建、扩建工程项目的安全设施、职业危害防护设施必须与主体工程同时设计、同时施工、同时投入生产和使用。

这个监管规定指出，从事炼铁、炼钢、轧钢、铁合金生产作业活动和钢铁企业内与主工艺流程配套的辅助工艺环节的安全生产及其监管，适用这项规定。

根据《冶金企业安全生产监督管理规定》，冶金企业安全设施和职业危害防护设施的投资应当纳入建设项目概算。建设单位对建设项目的安全设施“三同时”负责，并应当按照有关规定组织建设项目安全设施的设计审查和竣工验收。

根据规定，冶金企业应当保证用于完善、改造和维护安全防护设备设施；安全生产教育培训和配备劳动防护用品；安全评价、重大危险源监控、重大事故隐患评估和整改；职业危害防治，职业危害因素检测、监测和职业健康体检；设备设施安全性能检测检验；应急救援器材、装备的配备及应急救援演练；其他与安全生产直接相关的物品或活动的资金投入。

冶金企业应将本单位的重大危险源报安监部门备案。

据 2009 年 11 月 1 日起施行的《冶金企业安全生产监督管理规定》，冶金企业应当对本单位存在的重大危险源登记建档，并报安监部门备案。

根据《冶金企业安全生产监督管理规定》，冶金企业应当对本单位存在的各类危险源进行辨识，实行分级管理。对于构成重大危险源的，应当登记建档，进行定期检测、评估和监控，并报安全生产监督管理部门备案。

冶金企业应当按照国家有关规定，加强职业危害的防治与职业健康监护工作，采取有效措施控制职业危害，保证作业场所的职业卫生条件符合法律、行政法规和国家标准或者行业标准的规定。计量检测用的放射源应当按照有关规定取得放射物品使用许可证。

此外，冶金企业应当建立隐患排查治理制度，开展安全检查；对检查中发现的事故隐患，应当及时整改；暂时不能整改完毕的，应当制定具体整改计划，并采取可靠的安全保障措施。

从事炼铁、炼钢、轧钢、铁合金生产作业活动和钢铁企业内与主工艺流程配套的辅助工艺环节的安全生产及其监管，适用这个监管规定。

第四章

案 例

案例一　2007年湖南省凤凰县堤溪沱江大桥“8·13”特别重大坍塌事故

2007年8月13日16时45分左右，湖南省凤凰县正在建设的堤溪沱江大桥发生特别重大坍塌事故，造成64人死亡，4人重伤，18人轻伤，直接经济损失3974.7万元。

（一）基本情况

堤溪沱江大桥工程是湖南省凤凰县至贵州省铜仁大兴机场凤大公路工程建设项目中一个重要的控制性工程。大桥全长328.45 m，桥面宽度13 m，设3%纵坡，桥型为4孔65 m跨径等截面悬链线空腹式无铰拱桥。大桥桥墩高33 m，且为连拱石拱桥。2003年6月，湖南省交通厅批准了凤大公路工程项目初步设计，并于同年12月批复了凤大公路项目开工报告。堤溪沱江大桥于2004年3月12日开工，计划工期16个月。事故发生时，大桥腹拱圈、侧墙的砌筑及拱上填料已基本完工，拆架工作接近尾声，计划于2007年8月底完成大桥建设所有工程，9 月 20 日竣工通车，为湘西自治州 50 周年庆典献礼。

建设单位湘西自治州凤大公路建设有限责任公司（以下称“凤大公司”），隶属于湘西自治州人民政府，为国有独资公司。

设计和地质勘察单位华罡设计院，全民所有制，隶属长沙理工大学。该院具有公路行业甲级《工程设计证书》、甲级《工程咨询资格证书》和甲级《工程勘察证书》。

施工单位湖南路桥建设集团公司（以下称“路桥公司”）。是国有独资大型企业，下辖 28 个分（子）公司、参股公司（单位）。具有建设部颁发的“公路工程施工总承包特级、公路路基工程专业承包壹级、公路路面工程专业承包壹级、桥梁工程专业承包壹级、公路交通工程专业承包交通安全设施”《建筑企业资质证书》，2006 年 7 月取得《安全生产许可证》。路桥公司实行三级管理体制，二级机构道路七公司负责堤溪沱江大桥的具体施工任务。

监理单位湖南省金衢交通咨询监理有限公司。是由 45 位自然人股东持股的有限责任公司。具有公路工程甲级监理资质。

（二）事故原因

1. 事故的直接原因

由于大桥主拱圈砌筑材料未满足规范和设计要求，拱桥上部构造施工工序不合理，主拱圈砌筑质量差，降低了拱圈砌体的整体性和强度，随着拱上荷载的不断增加，造成 1 号孔主拱圈靠近 0 号桥台一侧约 3 至 4 m 宽的范围内，即 2 号腹拱下的拱脚区段砌体强度达到破坏极限而坍塌，受连拱效应影响，整个大桥迅速坍塌。

2. 事故的主要原因

一是施工单位路桥公司道路七公司凤大公路堤溪沱江大桥项目经理部，擅自变更原主拱圈施工方案，现场管理混乱，违规乱用料石，主拱圈施工不符合规范要求，在主拱圈未达到设计强度的情况下就开始落架施工作业。

二是建设单位湘西自治州凤大公路建设有限责任公司（简称“凤大公司”），项目管理混乱，对发现的施工质量问题未认真督促施工单位整改，未经设计单位同意擅自与施工单位变更原主拱圈设计施工方案，盲目倒排工期赶进度，越权指挥，甚至要求监理不要上桥检查。

三是工程监理单位湖南省金衢交通咨询监理有限公司，未能制止施工单位擅自变更原主拱圈施工方案，对发现的主拱圈施工质量问题督促整改不力，在主拱圈砌筑完成但强度资料尚未测出的情况下即签字验收合格。

四是设计和地质勘察单位华罡设计院，违规将勘察项目分包给个人，地质勘察设计深度不够，现场服务和设计交底不到位。

五是湖南省、湘西自治州交通质量监督部门对大桥工程的质量监管严重失职。

六是湘西自治州、凤凰县两级政府及湖南省有关部门对工程建设立项审批、招投标、质量和安全生产等方面的工作监管不力。州政府要求盲目赶工期，向“州庆”50周年献礼。

3. 经调查认定这是一起责任事故。

（三）对事故责任人员的处理

由司法机关处理24人。其中：谢绍华等涉嫌工程重大安全事故罪；陈昕，张仕成等涉嫌玩忽职守罪；吴志华涉嫌滥用职权罪、受贿罪；游兴富等涉嫌玩忽职守罪、受贿罪。

给予相应党纪、政纪处分 33 人。其中：刘玉兰等对事故发生负有主要领导责任。给予行政降级、党内严重警告处分；陆尚武对事故发生负有主要领导责任。给予行政撤职处分；刘晓东对事故发生负有主要领导责任，给予行政撤职、党内严重警告处分；陈志兵对事故发生负有主要领导责任，给予行政撤职、撤销党内职务处分。李海梁等对事故发生负有重要领导责任。给予记大过。张锦莲等给予撤职、党内严重警告处分；刘忠等对事故发生负有主要领导责任。给予撤职、党内严重警告处分。

（四）对有关单位、有关人员的处罚和处理

对路桥公司、凤大公司各处罚 500 万元；路桥公司对所属道路七公司依《公司法》等有关法规予以解散。

对路桥公司董事长陈志兵、总经理刘晓东、副董事长方联名和凤大公司董事长胡东升、总经理游兴富各按 2006 年度收入的 80％罚款。

对路桥公司道路七公司项目经理部经理兼安全部负责人夏友佳、道路七公司经理肖国强、路桥公司安全生产部副部长徐晓明、路桥公司项目管理部部长向海清、路桥公司总工程师陆尚武，湖南省金衢交通咨询监理有限公司董事长兼总经理胡伟、副经理续涉薇、副经理高伏良、总工程师汤述、驻地高监李宏广吊销有关执业资格和岗位证书。

对涉案追究刑事责任的夏友佳、肖国强、吴志华、游兴富、胡东升等 5 人以及追究行政责任撤职的陆尚武、刘晓东、陈志兵、汤述等 4 人，自刑罚执行完毕或者受处分之日起，5

年内不得担任任何生产经营单位的主要负责人。

湖南省在中纪委、监察部和高检院的指导下继续严肃查处这起事故背后的腐败问题。

责成湖南省人民政府向国务院作出深刻检查。

案例二 山西省襄汾县“9·8”尾矿溃坝事故

2008 年 9 月 8 日，山西省临汾市襄汾县新塔矿业有限公司尾矿库发生特别重大溃坝事故，地势较低的村落和集贸市场瞬间被埋，造成 277 人死亡、4 人失踪、33 人受伤，直接经济损失 9619 万。

（一）基本情况

发生事故的尾矿库隶属于新塔矿业有限公司塔儿山铁矿。2005 年 10 月，该矿被山西省国土资源厅挂牌拍卖，后经资产转让，现实际控制人是张培亮。2006 年 4 月，该公司的安全生产许可证被山西省安监局吊销，采矿许可证于 2007 年 8 月到期。

经调查，该矿的尾矿库建于上世纪 80 年代，1992 年停产闲置。尾矿库位于铁矿办公区和生活区东部的半山腰，高于铁矿办公楼、集贸市场、居民区、乱石滩自然庄 50 米，距离最近的居民生活区百余米。

山西省临汾市襄汾县新塔矿业有限公司塔儿山铁矿尾矿库，位于襄汾县陶寺乡。该尾矿库总库容约 30 万立方米，坝高约 50 米。2009 年 9 月 8 日 8 时许，该尾矿库发生溃坝事故，尾砂流失量约 20 万立方米，沿途带出大量泥沙，流经长度达 2 公里，最大扇面宽度约 300 米，过泥面积 30.2 公顷。

（二）事故原因

国家安全生产监督管理总局副局长兼国家安全生产应急救援指挥中心主任王德学说，企业安全生产的主体责任不落实，是导致山西襄汾新塔矿业公司“9·8”特别重大尾矿库溃坝事故的根本原因。同时，这起事故也是因某些地方政府尤其是基层政府及有关部门对安全生产不重视，执法不严、监管不力、作风不实所致。

2008 年 9 月 9 日下午，国家安全监管总局副局长王德学与赶赴事故现场的国土资源部副部长王世元，同山西省省长孟学农、副省长陈川平及专家一起共同对尾矿库上游情况进行了检查，并在现场对事故进行了技术分析，认为事故的原因主要是新塔矿业有限公司违规筑坝、违规生产、尾矿库违规储水导致溃坝，形成了长达数公里的泥流。

2008 年 9 月在 11 日召开的襄汾尾矿库溃坝事故新闻发布会上，山西省政府秘书长王清宪通报了事故矿山的基本情况：国务院事故调查组初步认定，该事故为一起重大责任事故，事故直接原因是非法矿主违法生产、尾矿库超储，但多种情况表明，地方政府存在安全监管不落实。

（三）处理结果

对 113 名事故责任人进行问责，其中，51 人被移送司法机关依法追究刑事责任，62 名事故责任人受到党纪、政纪处分，收受贿赂、为非法生产提供“保护伞”的运城市原市长助理、市公安局局长段波，临汾市副市长周杰、吉县原县委书记张金风等严重违纪违法案件受到查处，相关人员移送司法机关处理。

山西省纪检部门认为，段波等人作为党员领导干部，背弃党的宗旨，利用党和人民赋予的权力，收受不法矿主及其他人员巨额贿赂、礼金及贵重物品，为新塔矿长期从事非法生产经营充当“保护伞”，给“9·8”溃坝事故的发生埋下重大隐患，给人民群众带来惨重生命和财产损失，严重侵害了人民群众的利益，极大地损害了党和政府的形象。

运城市公安局原局长段波违纪违法所得共计 2454.7 万。经查，段波在任临汾市公安局副局长期间，利用职务便利和执法权力的影响，为新塔矿原董事长张佩亮等人购买红星煤矿接替井经营权提供帮助，并为新塔矿非法生产经营提供支持保护，收受贿赂 2000 万元人民币（以下未标明币种的均为人民币），段波还利用职权索取或收受他人钱物，并为其女儿经商办企业提供便利，其违纪违法所得共计 2454.7 万余元。

临汾市原副市长周杰：违纪违法所得共计 274.08 万。临汾市原副市长周杰，利用职权为新塔矿非法生产提供便利，收受张佩亮贿赂 3 万元。周杰还收受他人贿赂和礼金，其违纪违法所得共计 274.08 万元。在分管安全生产和矿产资源工作期间，未能尽职尽责，对“9·8”溃坝事故负有主要领导责任。

临汾市吉县原县委书记张金凤：违纪违法所得共计 357.4 万。张金凤在任襄汾县县长期间，利用职权为新塔矿非法生产提供便利，收受张佩亮贿赂 20 万元。张金凤还收受他人贿赂和礼金，其违纪违法所得共计 357.4 万余元。任职期间未能尽职尽责，对“9·8”溃坝事故负有重要领导责任。

临汾市原市长助理张德英：违纪违法所得共计 104.56 万。张德英在任翼城县县委书记期间，利用职务上的便利为张佩亮在煤矿企业和其他方面提供帮助，收受贿赂 3 万元。张德英还收受他人贿赂和礼金，其违纪违法所得共计 104.56 万元。

临汾市国土资源局调研员张福成：索要价值24.75万元汽车一辆收受礼金2万。张福成在任临汾市国土资源局局长期间，利用职务上的便利为他人谋取利益，离任后向他人索要价值24.75万元汽车一辆，收受他人礼金2万元。在张福成任临汾市国土资源局局长期间，新塔矿长期非法生产，给“9·8”溃坝事故的发生埋下隐患。

案例三　辽宁省铁岭市清河特殊钢有限公司“4·18”钢水包倾覆特别重大事故

2007年4月18日7时53分，辽宁省铁岭市清河特殊钢有限公司发生钢水包倾覆特别重大事故，造成32人死亡、6人重伤，直接经济损失866.2万元。

（一）企业概况

铁岭市清河特殊钢有限公司是以民营资本为主的股份制企业，职工471人，生产规模14万吨/年。主要产品包括轴承钢、合金钢、模具钢、易切钢、不锈钢等100多个钢号的锻造用钢锭。

（二）事故原因

1. 事故的直接原因

炼钢车间吊运钢水包的起重机主钩在下降作业时，控制回路中的一个连锁常闭辅助触点锈蚀断开，致使驱动电动机失电；电气系统设计缺陷，制动器未能自动抱闸，导致钢水包失控下坠；制动器制动力矩严重不足，未能有效阻止钢水包继续失控下坠，钢水包撞击浇注台车后落地倾覆，钢水涌向被错误选定为班前会地点的工具间。

2. 事故的主要原因

一是清河特殊钢有限公司的炼钢车间无正规工艺设计，未按要求选用冶金铸造专用起重机，违规在真空炉平台下方修建工具间，起重机安全管理混乱，起重机司机无特种作业人员操作证，车间作业现场混乱，制定的应急预案操作性不强。

二是铁岭开原市起重机器修造厂不具备生产 80 吨通用桥式起重机的资质，超许可范围生产。

三是铁岭市特种设备监督检验所未按规定进行检验，便出具监督、验收检验合格报告。

四是安全评价单位辽宁省石油化工规划设计院在事故起重机等特种设备技术资料不全、冶炼生产线及辅助设施存在重大安全隐患的情况下，出具了安全现状基本符合国家有关规范、标准和规定要求的结论。

五是铁岭市质量技术监督局清河分局未认真履行特种设备监察职责，安全监管不力。

六是清河区安全监管局监管不力。

七是当地政府对安全生产工作重视不够，对存在的问题失察。

3. 经调查认定这是一起责任事故。

（三） 对事故责任人的处理

负责设备、维修和车间安全生产工作的企管部副部长兼炼钢车间副主任关大明在事故中死亡，不再追究责任。

司法机关已对 6 人采取措施，其中李传波等涉嫌重大责任事故罪；谢亚君等涉嫌生产、销售不符合安全标准的产品罪；王振东等涉嫌玩忽职守罪。牟宗强、高峰被移送司法机关处理；另外给予党纪、政纪处分22人。

（四）对事故单位、有关单位和人员的处罚和处理

依法对清河特殊钢有限公司处以155万元罚款，对开原市起重机器修造厂处以20万元罚款，对铁岭市特种设备监督检验所处以20万元罚款，对辽宁省石油化工规划设计院处以10万元罚款，对清河特殊钢有限公司董事长、总经理高峰处以20万元罚款，对其他有关责任人给予相应经济处罚。

吊销铁岭市特种设备监督检验所的起重机械监督检验资格，吊销辽宁省石油化工规划设计院的安全评价资质。

责成辽宁省人民政府向国务院作出深刻检查。

案例四　山西省临汾市蒲县蒲邓煤矿“5·5”重大瓦斯爆炸事故

2007年5月5日13时50分，山西省临汾市蒲县克城镇蒲邓煤矿发生重大瓦斯爆炸事故，造成28人死亡、23人受伤（其中1人重伤），直接经济损失1183.44万元。

（一）矿井概况

蒲邓煤矿为私营煤矿。该矿属低瓦斯矿井，煤尘具有爆炸性，核定生产能力为15万吨/年。该矿越界开采。

（二）事故原因

1. 事故的直接原因

矿井南部205工作面内的1＃掘进头巷深70米没有安装局部通风机，无风作业，造成瓦斯积聚，达到爆炸浓度界限，

作业人员在打眼时，煤电钻127伏动力电缆裸连短路产生火花，引爆瓦斯。

2. 事故的主要原因

一是蒲邓煤矿弄虚作假，以掘代采，劳动组织管理和“一通三防”管理混乱，违法、违规越界组织生产。

二是克城煤管站对蒲邓煤矿检查存在失职、渎职行为。

三是蒲县煤炭工业管理局有关人员对该矿复产验收中收受矿方礼金，对该矿长期违法违规组织生产、超员、越界开采、井下使用非防爆机动三轮车等问题失察。

四是蒲县矿产资源管理部门没有发现该矿存在盗采矿产资源、越界开采等重大问题。

五是蒲县公安局及其民爆科、克城派出所违规审批供应蒲邓煤矿火工品，对非法买卖火工品打击不力。

六是蒲县劳动和社会保障局对蒲邓煤矿劳动用工管理混乱情况监管不到位。

七是蒲县、克城镇人民政府有关领导对煤矿安全生产重视不够，对职能部门履行职责和责任制落实情况督促检查不到位，对蒲邓煤矿长期存在的隐患失察。

（三）对事故责任人员的处理

郝英杰等28人由司法机关处理；16人给予相应党纪、政纪处分。

（四）对事故煤矿及有关部门的处罚和处理

依法没收蒲邓煤矿违法非法生产销售煤炭所得1314.5万元，并处以违法所得2倍的罚款2629万元，共计3943.6万元。

依法吊销蒲邓煤矿相关证照、实施关闭。

责成临汾市人民政府向山西省人民政府作出深刻检查。

案例五　胶济铁路列车相撞事故

2008 年 4 月 28 日凌晨，由北京开往青岛四方的 T195 次旅客列车在胶济铁路王村站附近与由烟台开往徐州的 5034 次旅客列车相撞。截至目前，已造成 72 人死亡，416 人受伤。

（一）基本情况

国家安监总局局长王君于 2008 年 4 月 29 日在国务院“4·28”胶济铁路特别重大交通事故调查组成立会议上说，这是一起典型的责任事故。从初步掌握的情况看，事发列车严重超速，在限速每小时 80 公里的路段，实际时速居然达到了每小时 131 公里。

济南铁路局 4 月 23 日印发了《关于实行胶济线施工调整列车运行图的通知》，其中含对该路段限速 80 公里的内容。这一重要文件距离实施时间 28 日零时仅有 4 天，却在局网上发布。对外局及相关单位以普通信件的方式车递，而且把北京机务段作为了抄送单位。

文件发布后，在没有确认有关单位是否收到的情况下，4 月 26 日济南局又发布了一个调度命令，取消了多处限速命令，其中包括事故发生路段。

济南局列车调度员在接到有关列车司机反映现场临时限速与运行监控器数据不符时，4 月 28 日 4 时 02 分济南局补发了该段限速每小时 80 公里的调度命令，但该命令没有发给 T195 次机车乘务员，漏发了调度命令。而王村站值班员对最新临时限速命令未与 T195 次司机进行确认，也未认真执行车机联控。与此同时，机车乘务员没有认真瞭望，失去了防止事故的最后时机。

（二）事故调查

2008 年 4 月 29 日 10 时，国务院“4·28”胶济铁路特别重大交通事故调查组在山东周村成立。王君说，事故调查组肩负着重要的使命，将在查清原因的基础上，以事实为依据，以法律法规为准绳，认定事故的直接责任、主要责任、重要责任和领导责任，依据有关的法律规定，严肃追究事故相关责任人的责任。王君强调，这次事故调查要着重抓好以下几个方面：

一查路基情况，是否存在路基不稳定情况；

二查线路运行状况，是否存在不符合标准情况；

三查机车技术状况，是否存在带病运行情况；

四查铁路运输调度指令下达情况，是否存在违章指挥、下达错误指令或漏下指令的情况；

五查铁路信号显示情况，是否存在错误显示、信号失效的情况；

六查机车司机操作互控、监控情况，是否存在违章操作、互控失效、疏于监控的情况；

七查铁路安全规章制度建设情况，是否存在重大漏洞或规章制度不落实情况；

八查职工安全培训情况，是否存在未经培训或培训不合格就上岗作业的情况。

（三）事故处理

在铁道部 2008 年 4 月 29 日早晨 5 时召开的全路运输安全

紧急电视电话会议上，铁道部党组书记、部长刘志军宣布，铁道部党组免除原济南铁路局领导班子主要成员的职务。

刘志军说，为便于对事故的调查处理，迅速稳定济南铁路局安全局面，铁道部党组决定，免去陈功的济南铁路局局长职务，免去柴铁民的济南铁路局党委书记职务，免去郭吉光济南铁路局常务副局长职务，接受组织审查，听候处理。

铁道部党组任命耿志修为济南铁路局局长，任命徐长安为济南铁路局党委书记，任命庄河为济南铁路局副局长。

国务院对胶济铁路列车脱轨相撞事故的调查处理报告作出批复，认定这是一起由于违章违规、超速行驶导致的责任事故。

其中，济南铁路局常务副局长郭吉光等 6 人被追究刑事责任；铁道部部长刘志军、副部长胡亚东等 31 人受到党纪、政纪处分。

气象出版社安全生产类图书目录

1. 工业危险辨识与评价/38.00
2. 生产经营单位负责人安全教育读本/18.00
3. 生产经营单位主要负责人安全培训教材/20.00
4. 生产经营单位安全管理人员安全培训教材/21.80
5. 生产经营单位从业人员三级安全教育培训教材/10.80
6. 车间主任安全生产培训教材/17.00
7. 新员工岗前安全培训教材/15.00
8. 农民工安全生产教育读本/9.00
9. 企业常见事故案例分析与控制/29.00
10. 矿山企业主要负责人安全培训教材/26.00
11. 矿山企业安全生产管理人员安全培训教材/29.00
12. 矿山企业主要负责人和安全生产管理人员安全培训复审教材/12.00
13. 危险作业安全技术与管理/12.00
14. 安全生产检查实务/25.00
15. 举案解读安全生产法规/18.00
16.《生产安全事故报告和调查处理条例》解读/12.00
17. 公共安全应急管理/15.00
18. 学校突发事件应急管理/15.00
19. 安全常识与业务操作实用手册/10.00
20. 建筑施工安全技术与管理/35.00
21. 烟花爆竹经营安全知识读本/14.00
22. 企业事故应急救援与预案编制技术/42.00
23. 煤矿从业人员安全培训教材/15.00
24. 人员密集场所安全管理培训教材/15.00
25. 非煤矿山企业员工三级安全教育培训教材/15.00
26. 安全评价操作实务/58.00
27. 金属非金属矿山从业人员安全培训教材/25.00

28. 危险化学品生产经营单位从业人员安全培训教材/25.00
29. 最新安全生产法律责任普教读本/22.00
30. 特种作业人员安全技术培训大纲及考核标准/15.00
31. 有限空间作业安全生产培训教材/15.00
32. 受限空间作业事故防范与应急救援/15.00
33. 小型露天采石场开采安全技术/10.00
34. 中小学突发事件应急管理与预案编制/25.00
35. 重大危险源安全评估/36.00
36. 危险化学品经营单位安全管理培训教材/48.00
37. 危险化学品生产单位安全管理培训教材/30.00
38. 危险化学品安全生产基础知识/14.50
39. 金属非金属地下矿山安全标准化实施指南/36.00
40. 安全生产监察员培训教材/48.00
41. 安全生产监察员复训教材/15.00
42. 公共安全应急管理指南/28.00